W0253704

ALLE ZEIT WACH
1842

G. Urban · K. Hölldampf

# MENSCHENGERECHTE ARBEITSGESTALTUNG BEIM SCHWEISSEN MIT ROBOTERN

Beispielhafte Lösungsmöglichkeiten für verschiedene Einsatztypen

Unter Mitarbeit von S. Bauer, R. Hofmann, G. Schiele

Springer-Verlag
Berlin Heidelberg New York
London Paris Tokyo 1988

| | |
|---|---|
| Dipl.-Ing., Dipl.-Psych. G. Urban | Gesellschaft für Arbeitsschutz und Humanisierungsforschung, (GfAH), Dortmund<br>Ltg.: Dr. V. Volkholz |
| Dipl.-Ing. K. Hölldampf<br>Dipl.-Ing. R. Hofmann<br>Dr.-Ing. G. Schiele | Fraunhofer-Institut für Produktionstechnik und Automatisierung (IPA), Stuttgart<br>Ltg.: Prof. Dr.-Ing. H.-J. Warnecke |
| Dipl.-Ing. S. Bauer | Fraunhofer-Institut für Arbeitswissenschaft und Organisation (IAO), Stuttgart<br>Ltg.: Prof. Dr.-Ing. H.-J. Bullinger |


Die Arbeiten, über die in diesem Buch berichtet wird, wurden im Vorhaben „Beratungszentrum Industrieroboter (BZI)" durchgeführt, das vom Bundesminister für Forschung und Technologie (BMFT) im Rahmen des Programms „Humanisierung des Arbeitslebens" gefördert wird.

ISBN-13: 978-3-540-18993-0 e-ISBN-13: 978-3-642-73450-2
DOI: 10.1007/978-3-642-73450-2



Gesamtherstellung: Copydruck GmbH, Heimsheim

2362/3020-543210

7.3.7.1 Bereich Standrohrfertigung .......................... S. 158
7.3.7.2 Bereich Traversenfertigung .......................... S. 158
7.3.7.3 Industrieroboter-Schweißarbeitsplatz ................ S. 158
7.3.7.4 Montage des Komplettrahmens ......................... S. 159
7.3.8 Organisatorisches Rahmenkonzept für das Arbeitssystem . S. 159
7.3.9 Zur Lohnform im Arbeitssystem ......................... S. 161

8 Typ 7: Große Lose, große Teilevielfalt,
kleine Werkstücke ............................ S. 164
8.0 Charakterisierung .................................... S. 164
8.1 Allgemeines zur Firma ................................ S. 164
8.2 Ist-Fertigung ........................................ S. 165
8.2.1 Layout .............................................. S. 165
8.2.2 Beschreibung des Fertigungsablaufs Abdeckhaube" ...... S. 166
8.2.3 Arbeitsorganisation ................................. S. 167
8.2.4 Arbeitsbedingungen .................................. S. 168
8.3 Soll-Fertigung ....................................... S. 169
8.3.1 Neukonzeption des Gesamtsystems bei Integration zweier Schweißroboter zum Punktschweißen ....................... S. 169
8.3.2 Allgemeine Beschreibung des Gesamtsystems ............ S. 169
8.3.3 Transport und Handlingsysteme ....................... S. 171
8.4 Konzeption des Industrierobotersystems zum Punktschweißen ...................................... S. 171
8.4.1 Industrieroboter ..................................... S. 172
8.4.2 Palettenlager mit automatischer Ein-/Ausschleusstation S. 172
8.4.3 Trägerpalettenumlaufsystem .......................... S. 172
8.4.4 Positionierer am Industrieroboter .................... S. 172
8.4.5 Schweißausrüstung ................................... S. 173
8.4.6 Sicherheitskomponenten .............................. S. 173
8.5 Beschreibung des Fertigungsablaufs am Werkstück "Abdeckhaube" ......................................... S. 175
8.6 Veränderungen in der Arbeitsorganisation ............. S. 176
8.7 Veränderung bei den Arbeitsbedingungen ............... S. 178

9 Typ 8: Große Lose, große Teilevielfalt,
große Werkstücke ............................. S. 179
9.0 Charakterisierung .................................... S. 179
9.1 Allgemeines zur Firma ................................ S. 179
9.2 Ist-Fertigung ........................................ S. 180
9.2.1 Fertigunsablauf ..................................... S. 180
9.2.2 Arbeitsbedingungen .................................. S. 181
9 3 Soll-Fertigung ....................................... S. 181
9 3.1 Gesamtsystem ........................................ S. 181
9.3.2 Industrieroboter-Schweißsystem....................... S. 184
9.3.3 Fertigungsablauf .................................... S. 185
9 3.4 Arbeitsorganisation und Arbeitsbedingungen .......... S. 186
9 3.4.1 Manuelle Handhabungstätigkeiten und Kontrolle ...... S. 186
9 3.4.2 Anlagenüberwacher und Instandhalter ................ S. 188

5.3.1.3 Arbeitsorganisation ................................ S. 117
5.3.2 Industrieroboter-Schweißsystem ........................ S. 123
5.3.2.1 Aufbau ............................................... S. 124
5.3.2.2 Funktionsweise ....................................... S. 126
5.3.2.3 Schweißausrüstung .................................... S. 127
5.3.2.4 Sicherheitskomponenten ............................... S. 128

5.4 Literatur ................................................. S. 128

6 Typ 5: Große Lose, kleine Teilevielfalt,
kleine Werkstücke ............................................ S. 129

6.0 Charakterisierung von Typ 5 ............................... S. 129

6.1 Allgemeines zur Firma ..................................... S. 129

6.2 Ist-Fertigung ............................................. S 130
6.2.1 Produktionseinrichtungen ................................ S. 130
6.2.2 Fertigungsablauf ........................................ S. 131
6.2.3 Arbeitsorganisation und Arbeitsbedingungen .............. S. 133

6.3 Soll-Fertigung ............................................ S. 134
6.3.1 Technische Beschreibung des Gesamtsystems ............... S. 134
6.3.1.1 Industrieroboter ...................................... S. 136
6.3.1.2 Schweißausrüstung .................................... S. 136
6.3.1.3 Werkstückumlaufsystem der Schweißzelle ............... S. 137
6.3.1.4 Vorrichtungslager .................................... S. 137
6.3.1.5 Weitere Fertigungsstationen des Gesamtsystems ........ S. 137
6.3.1.6 Anbindung an die Lackiererei ......................... S. 138
6.3.1.7 Nachgelagerte Fertigung .............................. S. 138
6.3.2 Arbeitsablauf im Gesamtsystem ........................... S. 139
6.3.3 Verbesserung der Arbeitsorganisation und Arbeitsbedingungen .................................................. S. 140

7 Typ 6: Große Lose, kleine Teilevielfalt,
große Werkstücke ............................................. S. 144
7.0 Charakterisierung ......................................... S. 144
7.1 Allgemeines zur Firma ..................................... S. 144
7.2 Ist-Fertigung ............................................. S. 145
7.2.1 Fertigungsablauf "Gerüstrahmen" ......................... S. 145
7.2.1.1 Fertigung des Einsteckrohres ......................... S. 146
7.2.1.2 Fertigung des Standrohres ............................ S. 147
7.2.1.3 Fertigung der oberen und unteren Traversen ........... S. 147
7.2.1.4 Einschweißen des Einsteckrohres in das Standrohr ...... S. 147
7.2.1.5 Komplettschweißen des Rahmens ........................ S. 148
7.2.1.6 Montagearbeitsplatz .................................. S. 148
7.2.2 Arbeitsbedingungen ...................................... S. 148

7.3 Soll-Fertigung ............................................ S. 149
7.3.1 Einsteckrohrherstellung ................................. S. 151
7.3.2 Standrohr mit Einsteckrohr verbinden .................... S. 151
7 3.3 Traversenherstellung .................................... S. 152
7 3.4 Industrierobotersystem zum Schutzgasschweißen ........... S. 154
7.3.4.1 Sicherheitseinrichtungen .............................. S. 155
7.3.4.2 Beschreibung des Fertigungsablaufs im
Industrieroboter-System ....................................... S. 156
7.3.5 Manueller Schweißarbeitsplatz ............................ S. 157
7.3.6 Montagearbeitsplatz ...................................... S. 157
7.3.7 Arbeitsbedingungen ....................................... S. 158

4 Typ 3: Kleine Losgröße, große Teilevielfalt, kleine Werkstücke ... S. 90

4.0 Charakterisierung ... S. 90

4.1 Allgemeines zur Firma ... S. 90

4.2 Ist-Fertigung ... S. 91
4.2.1 Allgemeine Beschreibung der Abteilung "Schweißerei" ... S. 91
4.2.2 Beschreibung des Fertigungsablaufs am Werkstück "Quertraverse" ... S. 92
4.2.3 Arbeitsorganisation und Arbeitsbedingungen ... S. 93

4.3 Soll-Fertigung ... S. 94
4.3.1 Neukonzeption des Gesamtsystems: Integration eines Schweißroboters zum Schutzgasschweißen ... S. 94
4.3.2 Allgemeine Beschreibung des Gesamtsystems ... S. 95
4.3.3 Gestaltung des manuellen Schweißarbeitsplatzes ... S. 96
4.3.4 Gestaltung des manuellen Nachbearbeitungsplatzes "Schleifen" ... S. 96
4.3.5 Transport- und Handlingsysteme ... S. 97

4.4 Konzeption des Industrierobotersystems zum Schutzgasschweißen ... S. 97
4.4.1 Industrieroboter ... S. 97
4.4.2 Schweißvorrichtungen und Trägerpalette ... S. 98
4.4.3 Schweißvorrichtungslager ... S. 99
4.4.4 Querverfahrschiene ... S. 99
4.4.5 Vorrichtungszuführbahnen ... S. 100
4.4.6 Schweißausrüstung ... S. 100
4.4.7 Sicherheitskomponenten ... S. 101
4.4.7.1 Arbeitsraumbegrenzung ... S. 102
4.4.7.2 Schweißkabine ... S. 102
4.4.7.3 Startschalter ... S. 102
4.4.7.4 Not-Aus-Schalter ... S. 102
4.4.7.5 Signallampen ... S. 103
4.4.7.6 Schweißrauchabsaughaube ... S. 103
4.4.7.7 Aufstellung des Steuerschranks und der Schweißstromquelle ... S. 103
4.4.7.8 Lichtvorhang am Paternosterregal ... S. 103

4.5 Beschreibung des Fertigungsablaufs am Werkstück "Quertraverse" ... S. 103

4.6 Veränderungen in der Arbeitsorganisation ... S. 104

4 7 Verbesserung der Arbeitsbedingungen ... S. 106

5 Typ 4: Kleine Losgröße, große Teilevielfalt, große Werkstücke ... S. 108

5.0 Charakterisierung ... S. 108

5.1 Allgemeines zur Firma ... S. 108

5.2 Ist-Fertigung ... S. 109
5.2.1 Produktionseinrichtungen ... S. 109
5.2.2 Fertigungsablauf ... S. 111
5.2.3 Arbeitsorganisation und Arbeitsbelastung ... S. 113

5.3 Soll-Fertigung ... S. 114
5.3.1 Gesamtsystem ... S. 114
5.3.1.1 Technische Beschreibung ... S. 114
5.3.1.2 Fertigungsablauf ... S. 116

2 Typ 1: Kleine Losgrößen, kleine Teilevielfalt, kleine Werkstücke ... S. 55

2.0 Charakterisierung von Typ 1 ... S. 55

2.1 Allgemeines zur Firma ... S. 55

2.2 Ist-Fertigung ... S. 56
2.2.1 Beschreibung der Abteilung "Kleinteilevorfertigung" ... S. 56
2.2.2 Beschreibung des Fertigungsablaufs am Bauteil "Förderbandlagerbock" ... S. 57
2.2.3 Arbeitsbedingungen ... S. 59
2.2.4 Arbeitsorganisation ... S. 59
2.2.5 Gründe für eine Veränderung des Istzustands ... S. 59

2.3 Soll-Fertigung ... S. 60
2.3.1 Layout und Arbeitsablauf ... S. 60
2.3.2 Arbeitsorganisation ... S. 62
2.3.3 Arbeitsbedingungen ... S. 63
2.3.4 Vorteile der Fertigungsinsel für Durchlaufzeiten und Lagerhaltung ... S. 64
2.3.5 Technische Beschreibung des Systems ... S. 67
2.3.5.1 Industrieroboter ... S. 67
2.5.3.2 Positionierer ... S. 67
2.5.3.3 Schweißausrüstung ... S. 68
2.3.5.4 Vorrichtungslager ... S. 68
2.3.5.5 Spannvorrichtungen ... S. 68
2.3.5.6 Schweißrauchabsaugung ... S. 68
2.3.6 Arbeitssicherheit ... S. 69
2.3.6.1 Einlegen/Entnehmen von Werkstücken (Automatikbetrieb) . S. 71
2.3.6.2 Programmieren/Einrichten ... S. 71
2.3.6.3 Störungsbeseitigung, Instandhaltung ... S. 73

3 Typ 2: Kleine Losgrößen, kleine Teilevielfalt, große Werkstücke ... S. 74

3.0 Charakterisierung von Typ 2 ... S. 74

3.1 Allgemeines zur Firma ... S. 74

3.2 Ist-Fertigung ... S. 75
3.2.1 Arbeitsbedingungen ... S. 76
3.2.2 Beschreibung des Fertigungsablaufs am Werkstück "Stahlblechgehäuse" ... S. 76

3.3 Soll-Fertigung ... S. 78
3.3.1 Arbeitsablauf und -organisation im System ... S. 80
3.3.2 Technische Beschreibung ... S. 85
3.3.2.1 Gesenkbiegepressen (1+2) ... S. 85
3.3.2.2 Pufferspeicher nach den Gesenkbiegepressen ... S. 85
3.3.2.3 Palettenumlaufsystem ... S. 85
3.3.2.4 Umlaufpaletten und Spannvorrichtungen ... S. 86
3.3.2.5 Industrierobotersystem ... S. 86
3.3.3.6 Punktschweißzange ... S. 87
3.3.2.7 Manueller Schutzgasschweißarbeitsplatz ... S. 87
3.3.3 Arbeitssicherheit ... S. 87

## Inhaltsverzeichnis


0 Einleitung ........ S. 1

0.1 Allgemeines ........ S. 1

0.2 Konzeption des Gestaltungsbuches ........ S. 1

0.3 Ziel des Gestaltungsbuches ........ S. 2

0.4 Angesprochene Zielgruppe ........ S. 2

0.5 Gestaltungsbereiche ........ S. 3

0.6 Literatur zu Kapitel 0 ........ S. 4

1 Allgemeines ........ S. 5

1.1 Einsatzfalltypen ........ S. 5

1.2 Möglichkeiten der Gestaltung von Arbeitsbedingungen ... S. 11
1.2.1 Arbeitsinhaltsgestaltung ........ S. 12
1.2.2 Qualifizierung ........ S. 15
1.2.3 Entkopplung ........ S. 17
1.2.4 Arbeitsplatzwechsel ........ S. 18
1.2.5 Arbeitsgruppenbildung........ S. 19
1.2.6 Blockbildung ........ S. 21
1.2.7 Arbeitssicherheit beim Einsatz von Industrierobotern .. S. 22
1.2.7.1 Typische Gefahrenpotentiale beim Betreiben von Industrierobotern ........ S. 22
1.2.7.2 Richtlinie VDI 2853 "Sicherheitsstechnische Anforderungen an Bau, Ausrüstung und Betrieb von Industrierobotern" ........ S. 23

1.3 Wirtschaftlichkeit ........ S. 27
1.3.1 Wirtschaftlichkeitsbetrachtung ........ S. 28
1.3.1.1 Vorarbeiten für eine Wirtschaftlichkeitsbetrachtung ... S. 28
1.3.1.2 Durchführung der Wirtschaftlichkeitsbetrachtung ....... S. 30
1.3.1.3 Investitions- und Wirtschaftlichkeitsrechnung ......... S. 31
1.3.2 Einflußfaktoren der Wirtschaftlichkeit ........ S. 32
1.3.2.1 Qualitative und quantitative Einflüsse durch Humanisierung ........ S. 33
1.3.2.2 Industrieroboterspezifische Einflußfaktoren ........ S. 38
1.3.3 Rechenverfahren zur Wirtschaftlichkeit ........ S. 39
1.3.3.1 Kostenvergleichsrechnung ........ S. 39
1.3.3.2 Amortisationsrechnung ........ S. 42
1.3.3.3 Rentabilitätsrechnung ........ S. 43
1.3.3.4 Berechnung der Grenzstückzahl (Grenznutzungszeit) ..... S. 43
1.3.3.5 Vergleich der vorgestellten Rechenverfahren ........ S. 46
1.3.4 Weitere Betrachtungen zur Wirtschaftlichkeit ........ S. 47
1.3.4.1 Flexibilität ........ S. 48
1.3.4.2 Zuverlässigkeit ........ S. 48
1.3.4.3 Roboter-Leasing ........ S. 50

1.4 Konkretisierung der bisherigen Ausführungen ........ S. 51

1.5 Literatur ........ S. 53

## VORWORT

Ein Schwerpunkt des staatlich geförderten Programmes "Humanisierung des Arbeitslebens (HdA)" ist die Erarbeitung und Verbreitung von Kenntnissen zur menschengerechten Arbeitsgestaltung im Zusammenhang mit dem Einsatz von Industrierobotern. Zu diesem Zweck wurde 1982 das "Beratungszentrum Industrieroboter (BZI)" gegründet, das die Aufgabe hatte, kleine und mittlere Unternehmen bei der Einführung von Industrobotern zu beraten und zwar vorrangig im Hinblick auf die menschengerechte Gestaltung der in den neuen Arbeitssystemen verbleibenden Arbeitspätze. Da das Schweißen mit Robotern innerhalb der Beratungen den größten Anteil ausmachte, liegen hier die meisten Erfahrungen vor. Diese Erfahrungen wurden aufbereitet und dienten als Grundlage für die vorliegende Lösungssammlung, deren Ziel es ist, Planern von Robotersystemen anhand beispielhafter Einsatzfälle Anregungen zur menschengerechten Gestaltung von Arbeitssystemen und Arbeitsplätzen zu geben.

Damit bildet diese Arbeit eine Ergänzung zu dem im Springer-Verlag erschienenen Werk "Robotereinsatz menschengerecht geplant".

Für die Durchführung der Schreibarbeiten, die Erstellung der Bilder und der Druckvorlage danken wir Frau Keller, Frau Hummler, Frau Haibt und Herrn Kübler.

Stuttgart, Dezember 1987 G. Urban, K.Hölldampf

# 0 EINLEITUNG

## 0.1 Allgemeines

Die Industrierobotertechnologie ist ein wesentlicher Bestandteil der Konzeption der heute vielfach durchgeführten flexiblen Automatisierung. Den hieraus abgeleiteten hohen Wachstumserwartungen in der Branche der Industrieroboterhersteller steht allerdings ein im weltweiten Vergleich relativ bescheiden wirkender Bestand an eingesetzten Industrierobotern in der Produktion gegenüber.

Die Erfahrungen des Beratungszentrums Industrieroboter (BZI) /1/ sowie eine Erhebung bei Industrieroboteranwendern /2,3/ belegen eindrücklich, daß vor allem bezüglich der Berücksichtigung des am Industrieroboter-Arbeitsplatz verbleibenden Personals - das bedeutet die Ausschöpfung der Möglichkeiten der menschengerechten Gestaltung von Arbeitsplätzen in flexibel automatisierten Systemen - ein oftmals unzulänglicher Kenntnisstand bei den Planern besteht oder aber diese Möglichkeiten aus anderen Gründen ignoriert werden.

Die vom Beratungszentrum erarbeitete Vorgehensweise für die Planung von Industrierobotereinsatzfällen /4,5,6/ hat jedoch gezeigt, daß

- sich durch richtige und rechtzeitige Information der betroffenen Mitarbeiter die Akzeptanz gegenüber Industrierobotersystemen verbessert,
- durch die Einbeziehung des Menschen bei der und in die Planung eine Verbesserung der Gesamtsystemverfügbarkeit erreicht wird und
- dadurch eine Verbesserung der produzierten Qualität erzielt wird.

Diese Faktoren tragen zur Produktivitätssteigerung und somit zur Gesamtwirtschaftlichkeit bei.

## 0.2 Konzeption des Gestaltungsbuches

Das Gestaltungsbuch befaßt sich ausschließlich mit dem Einsatz von flexiblen Automatisierungen - hier insbesondere dem Industrierobotereinsatz - beim Schweißen von Baugruppen. Um den Leser an die Aufgabenstellung heranzuführen, wird in einem einführenden Kapitel zuerst die allgemeine Vorgehensweise bei der Einsatzplanung von Industrierobotersystemen behandelt. Aufbauend darauf wird die Gliederung des Gestaltungsbuches dargestellt. Die behandelten Typen sind einzelnen Kapiteln zugeordnet. So ist es für den Leser möglich, die in Kapitel 1 aufgeführte Gliederungsmatrix auch als Inhaltsverzeichnis zu verwenden.

## 0.3 Ziel des Gestaltungsbuches

Mit dem Gestaltungsbuch soll erreicht werden, daß vor allem Planer von flexiblen Automatisierungssystemen mit den heute bekannten Möglichkeiten zur menschengerechten Gestaltung vertraut gemacht werden. Hierbei kann jedoch nicht das Ziel verfolgt werden, einen für alle Fälle geltenden Lösungskatalog vorzustellen, sondern vielmehr eine Sensibilisierung für auftretende Probleme zu ereichen. Anhand der für ein bestimmtes Aufgabenspektrum dargestellten Lösungsmöglichkeit der menschengerechten Gestaltung können dann Lösungsalternativen für die speziellen Aufgabenstellungen abgeleitet werden.

Die Maßnahmen zur menschengerechten Gestaltung von Arbeitsplätzen an oder in automatisierten Systemen beinhalten nicht nur die Fakten, welche für den Anlagenbetrieb gelten. Neben den Maßnahmen zur Entkopplung der Bediener vom Maschinentakt über einen möglichst längeren Zeitraum und den Anforderungen von Seiten der Sicherheitstechnik werden in den Layouts auch Gestaltungsmöglichkeiten z.B. zur besseren Zugänglichkeit bei Wartungsarbeiten aufgeführt.

## 0.4 Angesprochene Zielgruppe

Die angesprochene Zielgruppe rekrutiert sich vorwiegend aus Planern und Anwendern von flexiblen Automatisierungssystemen. Den Schwerpunkt wird hierbei natürlich die Gruppe der Industrieroboterplaner darstellen. Neben dieser Gruppe soll das Handbuch jedoch auch dem Personenkreis Beispiele für die Gestaltung liefern, welcher zu einem beliebigen Zeitpunkt Einfluß auf die Planung bzw. auf eine anstehende Investitionstätigkeit haben kann. Im einzelnen können dies sein:

- Inhaber von Betrieben,
- Mitglieder der Geschäftsleitung,
- Planer aus Planungs- und Ingenieurbüros sowie aus den jeweils zu-

ständigen Fachabteilungen,
- Verantwortliche Mitarbeiter wie z.B. Meister und Vorarbeiter,
- Betriebsräte.

## 0.5 Gestaltungsbereiche

Das Gestaltungsbuch soll die Aufgabe erfüllen, die Gestaltungsmöglichkeiten am Beispiel des Schweißens darzustellen. Hierbei wird das Punkt- und das Schutzgasschweißen im MIG/MAG-Verfahren betrachtet.

Durch das Gestaltungsbuch soll jedoch nicht der falsche Eindruck erweckt werden, daß in anderen Anwendungsgebieten eine menschengerechte Gestaltung nicht möglich oder nicht wirtschaftlich erscheint. So sind die Maßnahmen, welche bei Schweißsystemen aufgezeigt werden, auch jederzeit übertragbar auf Anlagen, in welchen ähnliche Produktionsabläufe auftreten. Angeführt seien beispielsweise:

- Brennschneiden,
- Kleberauftragen,
- Montagearbeitsplatz mit geringem Montageinhalt,
- Entgraten usw..

Aus dieser kurzen Auflistung möglicher Einsatzgebiete ist ersichtlich, daß die vorgestellten Maßnahmen und Lösungsmöglichkeiten auch auf weitere Einsatzbereiche in der Fertigung übertragen werden können. Sicherlich werden sich die Lösungen in Details unterscheiden, wichtig erscheint jedoch, daß sich der mit der Einsatzplanung betroffene Personenkreis mit den aufgeführten Maßnahmen auseinandersetzt und die in anderen Projekten gewonnenen Erkenntnisse in der eigenen Praxis umsetzt.

## 0.6 Literatur zu Kapitel 0

/1/ Schiele, G.:
Beratungszentrum Industrieroboter
Leistung und Lohn
Nr. 172/173/174, April 1986, Heider-Verlag.

/2/ Winter-Hoss, R.; Hölldampf, K.; Hallwachs, U.:
Industrieroboter-Einsatzfälle in der Bundesrepublik Deutschland
VDI-Z Bd. 128 (1986), Nr. 13 - Juli (I).

/3/ Winter-Hoss, R.; Hölldampf, K.; Hallwachs, U.:
Tendenzen bei der Gestaltung von Industrieroboter-Systemen in Deutschland
FB/IE 35 (1986) 2.

/4/ Warnecke, H.-J.; Schiele, G.:
So plant man den Einsatz eines Roboters
io-Management-Zeitschrift, 54 (1985) Nr. 9.

/5/ Schiele, G.:
Zehn Schritte zur flexiblen Automatisierung
Vortrag mic, März 1986.

/6/ Schiele, G.:
Feinplanung von Industrierobotersystemen
Vortrag: IR-Aufbauseminar, Technische Akademie Esslingen, Mai 1986.

# 1 ALLGEMEINES

## 1.1 Einsatzfalltypen

Der Einsatz von Industrierobotern (IR) zum Schweißen wird häufig mit der Notwendigkeit der Humanisierung der Arbeitsplätze begründet. Dieses Argument ist einleuchtend, treten doch insbesondere beim Lichtbogen-Schweißen typische Belastungsformen auf, durch die diese Arbeit nicht gerade zu den attraktivsten Tätigkeiten zu rechnen ist. Zu diesen Belastungen zählen vor allem die negativen Umgebungseinflüsse durch Schweißgase und -rauche. Bei bestimmten Legierungen (z.B. Nickel) oder Umhüllungen (z.B. kalkbasische CrNi-Elektroden) treten besondere Gefährdungen auf. Als weitere typische Schweißerbelastungen sind körperliche Belastung durch statische Haltearbeit und Zwangshaltung, Verblitzung der Augen sowie soziale Isolation und extreme Fokussierung der Konzentration auf einen kleinen Arbeitsbereich zu nennen.

Durch den Einsatz von Industrierobotern zum Schweißen wird zweifellos ein beträchtlicher Teil dieser Belastungen und Gefährdungen abgebaut. Dies wird in erster Linie dadurch erreicht, daß der Schweißer einen Teil seiner Tätigkeit an den Industrieroboter abgibt und sich i.d.R. weiter vom Entstehungsort der negativen Umgebungseinflüsse entfernt befindet. Beim Schweißen mit Industrierobotern kommt es allerdings nur selten zu einer Vollautomatisierung, so daß sich weiterhin Arbeitnehmer im Umfeld des IR befinden und "Zuarbeiten" leisten müssen.

Bei einer vordergründigen Betrachtung geht man davon aus, daß innerhalb Mensch-Maschine-Systems der Industrieroboter die belastenden und gefährdenden Tätigkeiten ausführt, während für den Menschen erheblich verbesserte Arbeitsbedingungen entstehen. Die Praxis zeigt jedoch, daß eine Humanisierung der Schweißertätigkeit durch den Einsatz von Industrierobotern nicht in jedem Fall automatisch eintritt. An die Stelle der beseitigten Belastungen treten oft andere; es entstehen in vielen Fällen Belastungsverschiebungen. Welcher Art diese Belastungsverschiebungen sein können, soll im folgenden verdeutlicht werden. Da Belastungsverschiebungen in Abhängigkeit von bestimmten Randbedingungen entstehen, ist es erforderlich, zunächst näher auf eine Einteilung dieser Bedingungen einzugehen.

Die in Tabelle 1.1 dargestellte Klassifizierung hat sich für diesen Zweck als sinnvoll erwiesen.

| Losgröße \ Teilevielfalt / Werkstückgröße | klein | | groß | |
|---|---|---|---|---|
| | klein | groß | klein | groß |
| klein | Typ 1 | Typ 2 | Typ 3 | Typ 4 |
| groß | Typ 5 | Typ 6 | Typ 7 | Typ 8 |

Tabelle 1.1: Klassifizierung beim Schweißen mit Industrieroboter

Als wichtige Produktionsgrößen, die etwas über Arbeitsbedingungen aussagen können, haben sich Losgröße, Teilevielfalt und Werkstückgröße erwiesen. Selbstverständlich können diese Kriterien nicht erschöpfend sein, doch um die Übersichtlichkeit zu erhalten, ist eine Beschränkung erforderlich. Es handelt sich um eine Klassifizierung, die sich nicht in Zahlenwerten angeben läßt, sondern nur qualitativ zu verstehen ist. Die Begriffe "klein" und "groß" sind daher auch nur als relative Klassengrenzen zu verstehen, es ist kaum möglich, ihnen Zahlenwerte zuzuordnen. So wird die Bezeichnung "Losgröße groß " z.B. nicht nur von der Werkstückgröße abhängen, sondern auch von der Firmengröße, Art des Werkstückes, Marktanteil usw.. Trotzdem hat es sich als möglich erwiesen, mit Hilfe dieser Einteilung die gängigen IR-Schweißfälle zu klassifizieren.
Als Ergebnis bilden sich 8 Typen von Schweißfällen heraus, die charakteristische Unterschiede aufweisen. Zunächst werden diese Typen hinsichtlich der Produktionsbedingungen beschrieben.

Typ 1:

Dieser Fall ist gekennzeichnet durch geringe Teilevielfalt und kleine Losgrößen bei kleinen Werkstücken. Solche Bedingungen findet man z.B. bei kurzfristiger auftragsbezogener Kundenfertigung mit begrenztem Fertigungsspektrum. Es ist eine hohe Flexibilität bezüglich des Umrüstens erforderlich, während das Neuprogrammieren nur selten erforderlich ist.

Typ 2:
Große Werkstücke werden in kleinen Losgrößen mit kleiner Teilevielfalt hergestellt; d.h. auch hier ist häufiges Umrüsten erforderlich. Da große Werkstücke häufig umfangreiche Schweißarbeiten bedingen, sind in der Regel die Vorrichtungen teurer und der Umrüstaufwand größer.

Typ 3:
Es werden kleine Werkstücke mit kleiner Losgröße in großer Teilevielfalt hergestellt. Diese Bedingungen herrschen z.B. bei Firmen mit sehr vielen Produkten, die in kleinen Serien hergestellt werden. Das Fertigungsprogramm hat zwar einen festgelegten Rahmen, aber es treten auch häufig Änderungen auf. Für diesen Fall ist eine hohe Flexibilität erforderlich. Der Programmieraufwand ist erheblich größer als bei den Typen 1 und 2.

Typ 4:
Im Unterschied zu Typ 3 handelt es sich um große Werkstücke. Die Zahl unterschiedlicher Vorrichtungen wird in der Regel kleiner sein als bei Typ 3, weil Komplexität und Schweißzeit bei großen Werkstücken oft stark ansteigen und damit die Zahl der Störquellen steigt. Hier wird deutlich, daß Teilevielfalt und Losgröße bei kleinen bzw. großen Werkstücken zahlenmäßig unterschiedliche Bereiche abdecken. Bei großen Werkstücken kann z.B. schon die Stückzahl von 10 eine "große Losgröße" darstellen, während dafür bei kleinen Werkstücken eher der Begriff "kleine Losgröße" paßt.

Typ 5:
Hier sind große Losgrößen bei kleiner Teilevielfalt und kleinen Werkstücken vorhanden. Im Extremfall kann dies bedeuten, daß ausschließlich ein Werkstücktyp über längere Zeit auf dieser Anlage gefertigt wird. Die Folge sind sehr kurze Stillstandszeiten für Umrüsten und Programmieren. Bei solchen IR-Einsätzen wird nur die langfristige Flexibilität bei einem Wechsel des Produktes genutzt.

Typ 6:
Gleiche Bedingungen wie bei Typ 5, mit dem Unterschied großer Werkstücke.

Typ 7:
Im Typ 7 werden große Lose in großer Teilevielfalt hergestellt; dabei handelt es sich um kleine Werkstücke. Diese Bedingungen sind nur zu

erfüllen, wenn auf mehreren parallelen oder miteinander verkoppelten IR-Systemen produziert wird. Der Typ 7 besteht daher in der Regel aus mehreren Systemen des Typ 3 oder 5. Typ 3 weist kleine Lose mit großer Teilevielfalt auf, bei Typ 5 sind es große Lose mit kleiner Teilevielfalt. Ist der Typ 7 aus Funktionsgruppen des Typs 5 zusammengestellt, so wird eine Artteilung der Aufträge durchgeführt. Besteht er aus Teilen des Typ 3, so handelt es sich um eine Mengenteilung.

Typ 8:
Ähnlich wie beim Typ 7 kann auch der Typ 8 aus mehreren gleichartigen Typen bestehen. Es handelt sich dann entweder um die Typen 4 oder 6, für die sinngemäß die gleichen Aussagen gelten wie für den Typ 7, allerdings mit dem Unterschied, daß es sich um große Werkstücke handelt. Die Bedingungen des Typ 8 sind in der Praxis am häufigsten in Schweißtransferstraßen im Automobilbau anzutreffen. Diese Anlagen sind meist rückführbar auf Einzelsysteme des Typ 6, d.h. es herrscht in der Regel Artteilung. Große Teilevielfalt bedeutet in diesem Fall letztlich eine sehr große Anzahl verschiedener Schweißpunkte oder -nähte an einem Werkstück, z.B. an einer Karosserie.

Aus den in den Typen 1 - 8 beschriebenen Produktionsbedingungen resultieren unterschiedliche Arbeitsbedingungen für die Arbeitnehmer. So haben z.B. Teilevielfalt und Losgröße Einfluß auf die Häufigkeit des Programmierens und Umrüstens und damit auf den Handlungsspielraum bzw. die Monotonie einer Tätigkeit. Auch die Qualifikationsanforderungen sind von diesen Faktoren abhängig.
Die Werkstückgröße beeinflußt häufig die Länge der erforderlichen Schweißzeit, daher auch den Grad der Taktbindung und sozialen Isolation. Außerdem besteht ein Zusammenhang zwischen körperlichen Belastungen und der Größe des Werkstückes.
Tabelle 1.2 zeigt einen Ausschnitt aus den Arbeitsbedingungen, die häufig für die Bediener von Roboter-Systemen entstehen, wenn keine gesonderten Maßnahmen zur Gestaltung ihrer Arbeit vorgenommen wurden. Daraus wird ersichtlich, daß beim Einsatz von Industrierobotern eine Verschiebung von Belastungen insbesondere in Richtung der Belastungskriterien Monotonie, Bindung an den Maschinentakt und Qualifikationsverlust stattfinden kann. Soziale Isolation, körperliche Belastungen und Unfallgefahren sind auch beim manuellen Schweißen oft vorhanden und werden beim Einsatz von Industrierobotern für die Bediener häufig nicht beseitigt. Es muß noch einmal darauf hingewiesen werden, daß diese Belastungen nicht zwangsläufig entstehen bzw. erhalten bleiben,

sondern meist nur dann, wenn keine entsprechenden Maßnahmen der Arbeitsgestaltung durchgeführt werden.

| Typ | 1 | 2 | 3 | 4 | 5 | 6 | 7 | 8 |
|---|---|---|---|---|---|---|---|---|
| MONOTONIE | hoch | hoch | mittel bei geringer Arbeitsteilung | mittel bei geringer Arbeitsteilung | sehr hoch | sehr hoch | entspricht Typ 3 bzw. 5 | entspricht Typ 4 bzw. 6 |
| KÖRPERLICHE BELASTUNG | niedrig | hoch | niedrig | hoch | niedrig | hoch | | |
| UNFALLGEFAHREN | gering bei Störungen | mittel bei Störungen und großen Gewichten | mittel bei Störungen beim Umrüsten und Programmieren | eher hoch bei Störungen beim Umrüsten und Programmieren | gering bei Störungen | mittel bei Störungen und großen Gewichten | | |
| BINDUNG AN MASCHINENTAKT | hoch | mittel bei langer Schweißzeit sonst hoch | hoch | mittel bei langer Schweißzeit sonst hoch | hoch | mittel bei langer Schweißzeit sonst hoch | | |
| QUALIFIKATIONS-ANFORDERUNGEN | meist niedrig | meist niedrig | meist niedrig | meist niedrig | meist niedrig | meist niedrig | | |
| SOZIALE ISOLATION | hoch | mittel bei langer Schweißzeit sonst hoch | hoch | mittel bei langer Schweißzeit sonst hoch | hoch | mittel bei langer Schweißzeit sonst hoch | | |

Tabelle 1.2: Auswirkungen ohne Gestaltungsmaßnahmen für Bediener des IR-Systems.

Tabelle 1.2 soll nicht aussagen, daß alle IR-Einsatzfälle in der Praxis schlechte Arbeitsbedingungen aufweisen, sondern es werden die Extreme dargestellt, die bei mangelnder Berücksichtigung menschlicher Belange beim Einsatz neuer Technologien auftreten können. Im folgenden werden die 8 Typen hinsichtlich ihrer Arbeitsbedingungen bei mangelhafter Arbeitsgestaltung beschrieben; diese Bedingungen können, müssen jedoch nicht auftreten.

Typ 1: Die Arbeit weist häufig besondere Belastungen hinsichtlich der Monotonie und Bindung an den Maschinentakt auf. Zudem sind die Qualifikationsanforderungen häufig gering und soziale Isolation tritt auf.

Diese Belastungen werden meist verursacht durch Einzelarbeit an einem Industrieroboter, der z.B. an einem Rundtakttisch schweißt. Der Bediener muß im Maschinentakt Teile in Vorrichtungen einlegen und entnehmen. Zum Programmwechsel und Umrüsten werden oftmals spezielle Einrichter eingesetzt. Programmieren ist wegen der geringen Teilevielfalt selten erforderlich.

Typ 2:

Die Arbeitsbedingungen stimmen in etwa mit den für Typ 1 genannten Bedingungen überein. Hinzu kommt körperliche Belastung, wenn die Werkstücke sperrig und schwer sind. Die Bindung an den Maschinentakt und die soziale Isolation sind bei langen Schweißzeiten und kurzen Einlege-/Entnahmezeiten weniger ausgeprägt als bei Typ 1.

Typ 3:

Unter den Randbedingungen dieses Typs ergibt sich häufiges Umrüsten und Programmieren. Dies würde abwechslungsreiche Arbeitsinhalte zur Folge haben, wenn diese Tätigkeiten vom Maschinenarbeiter ausgeführt würden. Es hat sich allerdings gezeigt, daß die höherwertigen Tätigkeiten häufig an spezielle Einrichter oder Programmierer übertragen werden, so daß die Monotoniebelastung der Maschinenarbeiter oft recht hoch ist. Da ihnen meist nur Einlege- und Entnahmetätigkeiten bleiben, bestehen häufig enge Bindungen an den Maschinentakt und starke Isolation.

Typ 4:

Die Arbeitsbedingungen entsprechen denen des Typs 3, mit dem Unterschied, daß bei Typ 4 große Werkstücke gefertigt werden. Wenn diese lange Schweißzeiten zur Folge haben, ist in der Regel eine geringere Bindung an den Maschinentakt und damit auch geringere soziale Isolation vorhanden als bei Typ 3. Andererseits können durch die großen Werkstücke höhere körperliche Belastungen verursacht werden.

Typ 5:

In der Praxis ist dieser Fall häufig durch extrem schlechte Arbeitsbedingungen gekennzeichnet. Da nur selten neu programmiert oder umgerüstet wird, sind die Arbeitsinhalte sehr beschränkt. Die Folge ist hohe Monotonie für den Bediener. Ohne Arbeitsplatzwechsel sind geringe Qualifikationsanforderungen vorhanden, da mit der Betreuung des IR-Systems keine qualitativ höherwertigen Tätigkeiten verbunden sind. Bei fehlender Entkopplung besteht meist eine enge Bindung an den Maschinentakt und starke Isolation.

Typ 6:
Obwohl vom Prinzip her ähnliche Bedingungen herrschen wie bei Typ 5, findet man meistens bessere Arbeitsbedingungen vor, weil große Werkstücke in der Regel längere Schweißzeiten und größere Arbeitsinhalte mit sich bringen. Dadurch weisen Monotonie, Bindung an den Maschinentakt und soziale Isolation nicht so extreme Ausprägungen auf.

Typ 7:
Wie bereits oben dargelegt, läßt sich Typ 7 sowohl aus mehreren Systemen des Typ 3 als auch des Typ 5 bilden. Man kann davon ausgehen, daß der Typ 5 eher installiert wird, da wegen der konstanteren Produktionsbedingungen ein gleichmäßigerer Ablauf zu erwarten ist. Für die Arbeitsbedingungen sind damit jedoch erhebliche Nachteile verknüpft (s.Typ 5).

Daher ist es anzustreben, Typ 7 aus mehreren Systemen des Typ 3 aufzubauen.

Typ 8:
Typ 8 kann aus mehreren Systemen des Typ 4 oder 6 gebildet werden. Wegen der häufig längeren Schweißzeit bei großen Werkstücken herrschen in der Regel bessere Arbeitsbedingungen als bei kleinen Werkstücken. Zusätzlich gilt sinngemäß wie bei Typ 7, daß der Aufbau aus mehreren Systemen des Typ 4 zu besseren Arbeitsbedingungen führt. An den Schweißtransferstraßen im Automobilbau zeigt sich der Trend, die Teilezuführung zu automatisieren, so daß an diesen Anlagen Einlege- und Entnahmetätigkeiten kaum noch erforderlich sind. Der Schwerpunkt der vom Menschen auszuführenden Tätigkeiten liegt in der Überwachung der Anlage. Die dabei auftretenden Belastungen unterscheiden sich erheblich von den in Tabelle 1.2 dargestellten. Es handelt sich hauptsächlich um Leistungsstreß und hohe Verantwortung für das ordnungsgemäße Funktionieren der Anlage. Die hohen Belastungen treten überwiegend bei Störungen der Anlage auf.

## 1.2 Möglichkeiten der Gestaltung von Arbeitsbedingungen

Es wurde bereits dargestellt, daß durch den Einsatz von IR eine Verschiebung von Belastungen auftreten kann, wenn kein besonderes Augen-

merk auf die Gestaltung der Arbeitsbedingungen gerichtet wird. D.h. die Entstehung neuer Belastungen ist nicht zwangsläufig mit der Entwicklung und Nutzung neuer Technologien verbunden, sondern darin drückt sich nur die mangelhafte Berücksichtigung menschlicher Anforderungen aus.
Gegenstand dieser Arbeit ist es, die Gestaltungsmöglichkeiten zur Verbesserung von Arbeitsbedingungen im Zusammenhang mit dem Einsatz von Schweißrobotern zu verdeutlichen. Zunächst werden in einem Überblick allgemein die Maßnahmen angesprochen, die zur Verfügung stehen. In den späteren Kapiteln wird an konkreten Beispielen ihre Anwendung gezeigt. Diese Lösungen sind nur als Anregungen zu verstehen, sie stellen nicht die jeweils einzig mögliche dar. Der Phantasie und Kreativität von Planern sollen keine Grenzen gesetzt werden, die Arbeitsbedingungen auch durch andere Maßnahmen zu verbessern.

Zu den Maßnahmen, die beim Einsatz von Industrierobotern vorwiegend zum Zuge kommen sollten, gehören:

- Arbeitsinhaltsgestaltung
- Qualifizierung
- Entkopplung
- Arbeitsplatzwechsel
- Arbeitsgruppenbildung in der Fertigungsinsel
- Blockbildung
- Arbeitssicherheit

In /10/ findet sich eine detaillierte Darstellung der einzelnen Möglichkeiten. Im anschließenden Kapitel wird darauf eingegangen, daß die Verbesserung von Arbeitsbedingungen nicht nur Kosten verursacht, sondern bei erweiterter Wirtschaftlichkeitsbetrachtung die kostenneutrale oder -sparende Wirkung nachweisbar ist.

### 1.2.1 Arbeitsinhaltsgestaltung

Die Arbeitsinhaltsgestaltung wird zunächst bezüglich der am IR vorhandenen Tätigkeiten dargestellt. Sie darf in der Regel jedoch nicht darauf beschränkt werden, sondern muß auch vor- und nachgelagerte Arbeitsplätze miteinbeziehen. Auf diesen Gesichtspunkt wird vor allem in den Abschnitten "Arbeitsgruppenbildung", "Blockbildung", und "Arbeitsplatzwechsel" eingegangen. Durch die Einbeziehung umliegender Arbeitsplätze, d.h. durch die Vergrößerung des betrachteten Arbeitssystems, wird es häufig erst möglich, spürbare Verbesserungen zu erzielen.

Aufgabe der Arbeitsinhaltsgestaltung ist es, die Tätigkeiten so zu organisieren, daß für den einzelnen Arbeitnehmer eine möglichst weitgehende Erreichung der folgenden Zielsetzungen gewährleistet wird /1/:

- Zusammenführung von Planung, Ausführung und Kontrolle der Arbeit,
- Erhöhung der Verantwortung,
- Verlängerung von Taktzeiten,
- Schaffung höherer Qualifikationsanforderungen,
- Vermeidung sozialer Isolation,
- Lohnsicherung.

Verschiedene dieser Zielsetzungen sind direkt vom Grad der Arbeitsteilung beeinflußt. Es gilt daher, an diesem Punkt anzusetzen und eine extreme Zergliederung der Arbeit zu vermeiden.

Entgegen der landläufigen Meinung führt der Einsatz von Industrierobotern - zumindest beim Schweißen - nur selten zu einer Vollautomatisierung. In der Regel entstehen bzw. verbleiben folgende vom Menschen auszuführende Tätigkeiten:

- Programmieren/Programmwechsel,
- Umrüsten/Einrichten,
- Überwachung der Anlage,
- Störungsbeseitigung,
- Produktkontrolle,
- Nacharbeit,
- Fertigungssteuerung,
- Wartung und Instandhaltung.

In Abhängigkeit vom Umfang der Automatisierung und der Schweißaufgabe werden diese Arbeitsaufgaben mehr oder weniger vollständig vorhanden sein.

Man kann davon ausgehen, daß nicht alle genannten Tätigkeiten von einer Person ausgeführt werden. Statt dessen wird man eine von der Ausgangsqualifikation abhängige Zuordnung zu unterschiedlichen Personen vornehmen. Diese Zuordnung von Arbeitsaufgaben zu einzelnen Personen sollte so gestaltet sein, daß für die Maschinenbediener möglichst umfangreiche Arbeitsinhalte entstehen und die vorhandenen Qualifikationen erweitert werden.

Es wird zwar kaum möglich sein, einem Angelernten komplizierte elektronische Instandhaltungsaufgaben zu übertragen, jedoch können auch Angelernte durch mehrwöchige Kurse in die Lage versetzt werden, programmieren von IR, Aufgaben der kurzfristigen Fertigungssteuerung und einfache Wartungsaufgaben zu übernehmen. Auf diese Weise lassen sich Anforderungsprofile schaffen, die denen von Anlagenführern entsprechen. Ob man die Betreuung eines IR-Systems Angelernten oder Facharbeitern überträgt, wird natürlich von der Komplexität des Systems abhängig sein. Bei komplizierten Schweißaufgaben und umfangreichen Programmieraufgaben (z.B. Typ 4) werden sicher seltener Angelernte eingesetzt als bei einfacheren Produktionsbedingungen (Typ 5). Da durch die Automatisierung jedoch häufig Angelernte ihren Arbeitsplatz verlieren, ist es erforderlich, gerade für diese Arbeitnehmergruppe Beschäftigungsmöglichkeiten zu erhalten bzw. zu schaffen. Man sollte sie daher soweit wie möglich nach der Durchführung entsprechender Schulungs- und Qualifikationsmaßnahmen als Anlagenführer von IR-Systemen einsetzen. Unter diesem Gesichtspunkt kann die Aufteilung der Tätigkeiten an Industrierobotern auf verschiedene Personengruppen folgendermaßen vorgenommen werden:

a) Facharbeiter:
   - Durchführung von größeren, regelmäßigen Wartungsarbeiten
   - komplizierte Störungsbeseitigung und Instandhaltung bei größeren Umfängen.

b) Meister (oder Vorarbeiter) beschäftigen sich mit
   - übergeordneten Aufgaben der Fertigungssteuerung.

c) Maschinenführer (meist keine Facharbeiter) erhalten die Arbeitsaufgaben
   - Programmieren,
   - Programmwechsel/Umrüsten/Schweißparameter einstellen/ Testlauf durchführen,
   - Einlegen/Entnehmen,
   - Produktkontrolle/Nacharbeit,
   - Überwachung,
   - einfache Störungsbeseitigung,
   - einfache Wartung,

- kurzfristige Fertigungssteuerung.

Durch die später beschriebenen Maßnahmen der Arbeitsgruppenbildung und des Arbeitsplatzwechsels in Fertigungsinseln können zu diesen speziell auf den IR bezogenen Tätigkeiten noch weitere aus dem Umfeld hinzukommen. Beim heutigen Stand der Fertigungstechnik sind die direkt produktiven Tätigkeiten meist sehr genau in ihren Abläufen festgelegt. Es bleiben dem Arbeitnehmer höchst selten Spielräume für Entscheidungen, z.B. über die Anwendung unterschiedlicher Verfahren. Ein Ansatzpunkt zur Erweiterung des Handlungs- und Entscheidungsspielraumes ist die Übertragung von Aufgaben der kurzfristigen Fertigungssteuerung an die Maschinenführer. Dadurch ist eine Bereicherung der Arbeitsinhalte möglich.

Zu den Aufgaben der kurzfristigen Fertigungssteuerung gehören:

- Auftragsreihenfolge festlegen (in Abstimmung mit anderen Bearbeitungsstationen),
- Material transportieren und bereitstellen,
- Fertigungsfortschritt und Termine überwachen,
- Auftragsweitergabe sichern,
- Fehlbestand ermitteln usw..

Die Zusammenstellung von Aufträgen zu Blöcken mit z.B. Wochenumfang führt zu einer dezentralen Fertigungsorganisation, die den Arbeitnehmern erheblich größere Freiräume bietet als die häufig vorhandene zentralisierte Form. Als Vorteil für das Unternehmen stehen besser motivierte Mitarbeiter zur Verfügung, die flexibel auf Störungen und Änderungen reagieren können.

Eine Verteilung der Tätigkeiten in der oben beschriebenen Art hat in der Regel höhere Qualifikationsanforderungen an die Maschinenbediener zur Folge. Ohne ausreichende Qualifizierungsmaßnahmen werden die Bediener jedoch überfordert. Es müssen daher entsprechende Weiterbildungsmaßnahmen durchgeführt werden.

### 1.2.2 Qualifizierung

Der Einsatz von Industrierobotern bedingt hohe Investitionen. Um die Wirtschaftlichkeit zu verbessern ist eine hohe Verfügbarkeit notwendig. Eine Grundbedingung dafür ist qualifiziertes Personal für die Programmierung und Bedienung des Systems. Erfahrungen beim Betrieb von CNC-Werkzeugmaschinen zeigen, daß beim Einsatz qualifizierter Maschinenarbeiter die Stillstandszeiten deutlich geringer sind, als wenn ungeschulte Arbeiter die Maschinen bedienen.

Der Vorteil des Einsatzes von qualifiziertem Personal drückt sich für den Betrieb nicht nur in einem höheren Maschinennutzungsgrad aus, sondern auch in weniger Maschinenverschleiß bzw. Servicekosten sowie in der Gewährleistung einer hohen Produktqualität. Für den Maschinenarbeiter bringt eine höhere Qualifikation abwechslungsreichere Arbeitsinhalte sowie eine Sicherung der Beschäftigung mit sich. Nach der Entscheidung für die Beschaffung eines Industrierobotersystems stellt sich für den Anwenderbetrieb zunächst die Frage, welcher Mitarbeiter für die Programmierung, Bedienung und Wartung qualifiziert werden soll. Beim Einsatz von Industrierobotern zum Schweißen besteht in der Regel die Alternative zwischen der Qualifizierung des Schweißers oder eines Elektrikers zum Programmierer.

Der Elektriker ist wahrscheinlich der bessere Programmierer, doch fehlen ihm die schweißtechnischen Kenntnisse zur Einstellung der Schweißparameter und zur Beurteilung der Produktqualität. Für die Qualifizierung des Schweißers spricht, daß er sich in diesem Arbeitsbereich auskennt, das Teilespektrum kennt, Probleme und Schwierigkeiten, die eventuell schon beim Handschweißprozeß auftraten, schnell lokalisiert und beseitigt, sowie aufgrund seiner Erfahrung eine hohe Produktqualität garantiert. Aufgrund der Erfahrungen beim Einsatz von Schweißrobotern hat es sich als sinnvoll erwiesen, daß der Schweißer mit der Programmierung und Bedienung des Industrieroboters vertraut gemacht wird. Bei schwierigeren Programmierprozessen sowie bei Reparatur- und Instandhaltungsarbeiten sollte ihm ein Elektriker zur Seite stehen.

Die Ausbildung zum IR-Programmierer liegt im Gegensatz zur NC-Programmierung noch weitgehend in der Hand der IR-Hersteller. Als Schwierigkeit zeigt sich, daß viele dieser Kurse auf ingenieurmäßiges Niveau zugeschnitten sind. Die Kursdauer von durchschnittlich einer Woche ist zu gering, didaktisch und methodisch sind die Kurse oft unzureichend. In jüngster Zeit wurde vom Projektträger "Humanisierung des Arbeitslebens" ein Pilotkurs initiiert, in dem "qualifizierte Schweißer" zum IR-Programmierer ausgebildet wurden /2/. Dieser Kurs baut auf dem Wissen und der Erfahrung der Zielgruppe auf. In einem Grundlagenteil wurden Kenntnisse in EDV, Steuerungstechnik, Aufbau von IR-Kinematiken vermittelt sowie eine Wiederholung bzw. Ergänzung der Schweißkenntnisse in Theorie und Praxis.

Für den Schweißer stellt sich als besonderes Problem dar, daß er durch die Programmierung des IR mit sehr vielen abstrakten Begriffen und Funktionen konfrontiert wird. Darüberhinaus wird von ihm eine plangenaue Vorgehensweise gefordert, da es schwieriger ist, während des Schweißprozesses Korrekturen vorzunehmen. Der Schweißprozeß muß vor allem hinsichtlich der Schweißfolge vorab geplant werden. Das heißt, das Programm muß erstellt und in die Steuerung eingegeben werden. Die zugehörigen Schweißparameter werden ermittelt und programmiert. Die komplexen und teilweise auch abstrakten Lehrinhalte verlangen andere Vermittlungsformen, als die bekannte Praxis des "Vor- und Nachmachens". In dem Pilotkurs wurde auf der Basis der Handlungstheorie eine Vermittlungsmethode angewandt, die nach der dreiwöchigen Dauer der Ausbildung alle Schweißer befähigte, an zwei unterschiedlichen Schweißrobotern Prüfungsstücke mit Erfolg zu schweißen.

### 1.2.3 Entkopplung

Die Automatisierung von Fertigungsabläufen durch Industrieroboter findet häufig nicht vollständig statt, sondern es bleiben noch Tätigkeiten der Werkzeug- oder Werkstückhandhabung, die vom Menschen auszuführen sind. Dazu gehören beim Schweißen z.B. das Einlegen/Entnehmen von Werkstücken in/aus Vorrichtungen, Werkstückkontrolle und evtl. Nacharbeit. Um die Stillstandszeiten gering zu halten, sind diese Tätigkeiten üblicherweise im Arbeitsrhythmus des IR auszuführen. Dabei entstehen Arbeitsplätze mit enger Taktbindung, an denen der Mensch sein Arbeitstempo kaum noch selbst bestimmen kann. Dieses Problem ist auch nicht dadurch zu lösen, daß der Bediener nach jedem Einlegen den Takt durch Knopfdruck auslöst. Da in den meisten Fällen Akkord oder (Maschinennutzungs-) Prämien gezahlt werden, ist der Arbeitnehmer bestrebt, die Stillstandszeiten kurz zu halten. Er kann dann aber seine eigene Arbeitsgeschwindigkeit nicht mehr variieren. Die menschliche Leistungskurve stimmt nicht mit dem maschinellen, gleichförmigen Leistungsverlauf überein. Sie ist einerseits von Tagesrhythmen abhängig, andererseits gibt es auch längerfristigere Zyklen über mehrere Tage.

Bei den üblichen Maschinenbedienungstätigkeiten ohne Entkopplung ist zwar grundsätzlich ein langsameres Arbeitstempo aber kein schnelleres als das der Maschine möglich. Auf der Höhe seiner Leistungskurve, wenn ihm die Arbeit gut von der Hand geht, muß der Bediener warten, bei niedriger fühlt er sich getrieben, weil er keine Stillstandszeiten verursachen will. Das führt bei vielen Arbeitnehmern zu Unzufriedenheit und Streßgefühlen. Eine Verbesserung dieser Situation kann durch die Entkopplung des Menschen von der Maschine erreicht werden. Entkopplung läßt sich sowohl durch technische als auch durch arbeitsorganisatorische Maßnahmen erreichen. Als technische Maßnahmen zur Entkopplung werden Puffer eingesetzt. Sie können die Werkstücke vor und nach einer Fertigungsstation aufnehmen und speichern. Das Abrufen aus dem Speicher kann z.B. durch einen Menschen in seinem eigenen Arbeitsrhythmus erfolgen. Ebenso ist es auch möglich, daß der Puffer durch einen Menschen gefüllt und von einer Maschine geleert wird.

Arbeitsorganisatorische Möglichkeiten der Entkopplung können durch Arbeitsgruppen geschaffen werden. Innerhalb dieser Gruppen werden in selbst festgelegtem Rhythmus die Arbeitsplätze gewechselt. Es besteht dann nicht der ununterbrochene Taktzwang, wenn der Arbeitsgruppe auch taktunabhängige Arbeitsplätze zugeordnet sind.

Im Gegensatz zu den technischen Lösungen ermöglichen die arbeitsorganisatorischen Entkopplungsmaßnahmen keine Eigenbestimmung der Arbeitsgeschwindigkeit, sondern sie stellen nur eine Unterbrechung der taktgebundenen Arbeit dar. Daher sind technische Entkopplungsmaßnahmen vorzuziehen.

### 1.2.4 Arbeitsplatzwechsel

Beim Arbeitsplatzwechsel ist der Gesichtspunkt des Belastungswechsels vorrangig. Durch diese Gestaltungsmaßnahme wird aber auch die bereits angesprochene organisatorische Entkopplung ermöglicht. Treten beim Einsatz von Industrierobotern Resttätigkeiten auf, die eine starke Belastung darstellen, sollte Arbeitsplatzwechsel durchgeführt werden. Oberstes Ziel sollte es sein, solche Resttätigkeiten zu vermeiden. Aber es gibt Fälle, in denen der dafür erforderliche Aufwand unvertretbar hoch ist. Diese Situation kann z.B. bei Einsatzfällen des Typ 5 auftreten, die nur wenig inhaltliche Abwechslung in der Arbeit bieten. Eine Bereicherung der Arbeit ist dann nur möglich, indem zeitweise auch höherwertige Tätigkeiten ausgeführt werden können, die an anderen Arbeitsplätzen in der Umgebung anfallen.

Beim Arbeitsplatzwechsel findet ein Rundumtausch der Arbeitsplätze innerhalb einer Gruppe statt. Dabei muß natürlich gewährleistet sein, daß nicht alle Arbeitsplätze dieser Gruppe hohe Belastungen aufweisen, weil bei dauernd hohen Belastungen ein bloßer Belastungswechsel keine Erholung nach sich zieht. Will man eine echte inhaltliche Bereicherung der Tätigkeiten bewirken, ist es nicht mit der einfachen zeitlichen Aneinanderreihung monotoner Tätigkeiten an verschiedenen Arbeitsplätzen getan. Dann ist auch die Vergrößerung des Entscheidungsspielraumes erforderlich, damit die geistigen Anforderungen steigen. Das kann z.B. durch Übertragung von Aufgaben der kurzfristigen Fertigungssteuerung geschehen.

### 1.2.5 Arbeitsgruppenbildung

Durch die Bildung von Arbeitsgruppen können Arbeitsbedingungen in verschiedener Hinsicht verbessert werden. Ein Aspekt betrifft die Vermeidung von sozial isolierten Arbeitsplätzen. Beim Einsatz von Industrierobotern kommt es häufig zur Entstehung von Einzelarbeitsplätzen, die wenig Kommunikations- und Kooperationsmöglichkeiten bieten. Der Begriff vom "Kollegen Roboter" suggeriert zwar eine Zusammenarbeitsbeziehung, doch sollte man nicht übersehen, daß der Industrieroboter nur eine Maschine ist, die keinerlei soziale Beziehung ermöglicht. Das Vorhandensein sozialer Kontakte - und zwar nicht nur in den Pausen - ist für viele Menschen sehr wichtig und hat wesentlichen Einfluß auf ihre Motivation und Arbeitsfreude. Die Berücksichtigung dieses Gesichtspunktes hat insbesondere beim Einsatz neuer Technologien Bedeutung, weil diese oft das Entstehen isolierter Einzelarbeitsplätze zur Folge haben.

Ein weiterer Aspekt bezieht sich auf die Erweiterung von Handlungs- und Entscheidungsspielräumen. Es bestehen starke Tendenzen, die Fertigungssteuerung im Zusammenhang mit dem Einsatz EDV-gesteuerter Fertigungstechnologien zu zentralisieren. Immer mehr Entscheidungen werden außerhalb der Fertigung getroffen. Am Arbeitsplatz in der Produktion besteht schließlich am Ende überhaupt keine Entscheidungsbefugnis mehr. Aus der Sicht der Fertigungssicherheit mag diese Trennung für bestimmte Produktionsbedingungen durchaus ihre Berechtigung haben. Je komplexer die Fertigungsstrukturen und je größer die Störungsmöglichkeiten werden, desto wichtiger ist es jedoch, Entscheidungsbefugnisse in die unmittelbare Produktion zu verlagern und die zentrale Steuerung nur durch Vorgabe von Rahmenbedingungen vorzunehmen. Die oben angesprochenen Bedingungen treten auch im Zusammenhang mit Industrierobotern auf, vor allem wenn sie in komplexeren Anlagen, wie z.B. flexiblen Fertigungssystemen, eingesetzt werden. Die Folge für die Arbeitnehmer sind oft Arbeitsplätze, an denen alle Abläufe bis ins letzte Detail vorgeschrieben sind und die keinen Raum für irgendwelche Eigeninitiative lassen.

Als Maßnahme der Arbeitsgestaltung bietet sich hier die Bildung von Arbeitsgruppen in Fertigungsinseln an. Die Arbeitsgruppe betreut einen Fertigungsbereich und bekommt Auftragsblöcke erteilt, für deren Abarbeitung sie verantwortlich ist. Die Feinsteuerung der Auftragsbearbeitung wird also innerhalb der Arbeitsgruppe geleistet und nicht durch Vorarbeiter oder Meister. Von der Gruppe zu berücksichtigende Gesichtspunkte bei der Steuerung sind z.B. Anforderungen aus den Folge-Abteilungen, Aufwand für Vorrichtungswechsel oder Umrüsten, Häufigkeit des Drahtwechsels (Schweißen), Zeitpunkt des Programmierens. In diesem Zusammenhang sind erheblich mehr Entscheidungen zu treffen als an Einzelarbeitsplätzen, die einen hohen Grad der Arbeitsteilung aufweisen.
Um diese Anforderungen erfüllen zu können, müssen die Gruppenmitglieder entsprechende Qualifikationen besitzen, die natürlich auch ein besseres Verständnis für den Gesamtablauf der Fertigung umfassen müssen. Jedes Mitglied sollte möglichst alle Tätigkeiten beherrschen und sie durch regelmäßigen Arbeitsplatzwechsel ständig ausüben, um der Gefahr des Qualifikationsverlustes durch mangelnde Übung zu entgehen.

Diese Darstellung macht deutlich, daß der wesentliche Zusammenhalt der Arbeitsgruppe ihre gemeinsame Fertigungsaufgabe ist. Bei der Gruppenbildung kommt es darauf an, sinnvolle Systemgrenzen innerhalb eines räumlich zusammenliegenden Fertigungsabschnittes festzulegen oder evtl. auch Maschinenumstellungen vorzunehmen, um zu einer Zusammenfassung aufeinanderfolgender Fertigungsschritte zu kommen. Das ist z.B. bei einer Organisation nach dem Prinzip "Fertigungsinsel" der Fall. Für den Bereich der mechanischen Fertigung gibt es bereits eine Reihe realisierter Lösungen /3/.

Es ist ersichtlich, daß die Arbeitsgruppe für die Arbeitnehmer mehrere

Vorteile miteinander verbindet.
Neben der Vermeidung sozialer Isolation und der Vergrößerung des Handlungs- und Entscheidungsspielraumes bringt sie höhere Qualifikationsanforderungen mit sich und macht die Arbeit abwechslungsreicher.

Die positiven Folgen für das Unternehmen sind dezentrale Einheiten, die in der Lage sind, schnell und flexibel auf Veränderungen und Störungen zu reagieren. Arbeitnehmer mit höherwertigen Arbeitsplätzen zeigen meist größeres Interesse an der Arbeit und sind schneller bereit, sich auf neue Situationen einzustellen.

### 1.2.6 Blockbildung

Es wurde bereits im Abschnitt "Arbeitsgruppenbildung" angesprochen, daß im Zusammenhang mit dem Einsatz neuer Technologien häufig isolierte Einzelarbeitsplätze entstehen. Insbesondere bei der Einrichtung größerer Systeme, die mehrere IR enthalten, ist die Blockbildung von Bedeutung, um überhaupt die Bildung von Arbeitsgruppen bzw. Fertigungsinseln mit mehreren manuellen Arbeitsplätzen zu ermöglichen. Unter Blockbildung versteht man die Trennung automatisierter und manueller Arbeiten und ihre Zusammenfassung in Blöcken. Die Fallbeispiele zum Typ 7 und 8 enthalten die Blockbildung als Gestaltungsmaßnahme. Die automatisierten Blöcke können aus mehreren IR bestehen aber auch andere Maschinen enthalten. Derartige Lösungen müssen bei technischen Umstellungen sehr frühzeitig in die Überlegungen einbezogen werden, da eine funktionsgerechte Trennung von manuellen und automatisierten Fertigungsaufgaben eine Festlegung schon vor der eigentlichen technischen Feinplanung erfordert. Wenn die Maschinen bereits aufgestellt sind, lassen sich solche Lösungen in der Regel nicht mehr verwirklichen. Üblicherweise werden nur ein oder zwei Arbeitsplätze in die IR-Einsatzplanung einbezogen. Bei derart engen Systemgrenzen ist es kaum möglich, mehrere manuelle Arbeitsplätze zu einem Block bzw. einer Fertigungsinsel zusammenzufassen und damit die Voraussetzung für die Arbeitsgruppenbildung zu schaffen. Der Planungsbereich ist zur Herstellung einer Blockbildung also größer anzusetzen als es meistens beim Einsatz von IR geschieht.

### 1.2.7 Arbeitssicherheit beim Einsatz von Industrierobotern

Die sicherheitsgerechte Gestaltung ist bei Industrieroboter-Schweißsystemen besonders wichtig, da die meisten Systeme manuell be- und entladen werden und somit Menschen im System zu berücksichtigen sind. Desweiteren müssen Sicherheitsmaßnahmen erfüllt werden, die ein sicheres Arbeiten beim Einrichten/Programmieren und der Störungsbeseitigung garantieren.

#### 1.2.7.1 Typische Gefahrenpotentiale beim Betreiben von Industrierobotern

Sicherheitsprobleme beim Einsatz von Industrierobotern ergeben sich vornehmlich aufgrund der energiereichen Bewegungen (großes Bewegungsvolumen, hohe Verfahrgeschwindigkeit, große Masse), die zudem noch im Gegensatz zu konventionellen Maschinen hinsichtlich Bewegungsbahnen und -geschwindigkeit frei programmierbar sind /4/.

Beim Einsatz von Industrierobotern können erfahrungsgemäß folgende typische Gefahren genannt werden /5/:

- Quetsch- und Scherstellen am Industrieroboter (Gefahren für Einrichter/Programmierer)
- Quetsch- und Scherstellen zur Umgebung (z.B. zu Hallensäulen, Spannvorrichtungen, usw.)
- Hohe Bewegungsgeschwindigkeit, derzeit bis ca. 6 m/s bei Drehbewegungen und größter Reichweite
- Gefahrbringende Bewegungen durch Fehlbedienung am Programmierhandgerät oder Steuerschrank
- Gefahrbringende Bewegungen durch Störungen in der elektronischen Steuerung
- Gefahren durch Fehlanlauf oder nicht synchronisierte Bewegungsabläufe in verketteten Systemen (Fehlsignale aus der übergeordneten Steuerung)

### 1.2.7.2 Richtlinie VDI 2853 "Sicherheitstechnische Anforderungen an Bau, Ausrüstung und Betrieb von Industrierobotern"

Die VDI-Richtlinie 2853 ist aus bestehenden Vorschriften und Regelwerken (vergl. Bild 1.1) aufgebaut und um die spezielle Aufgabenstellung der Industrierobotertechnik ergänzt /6/.

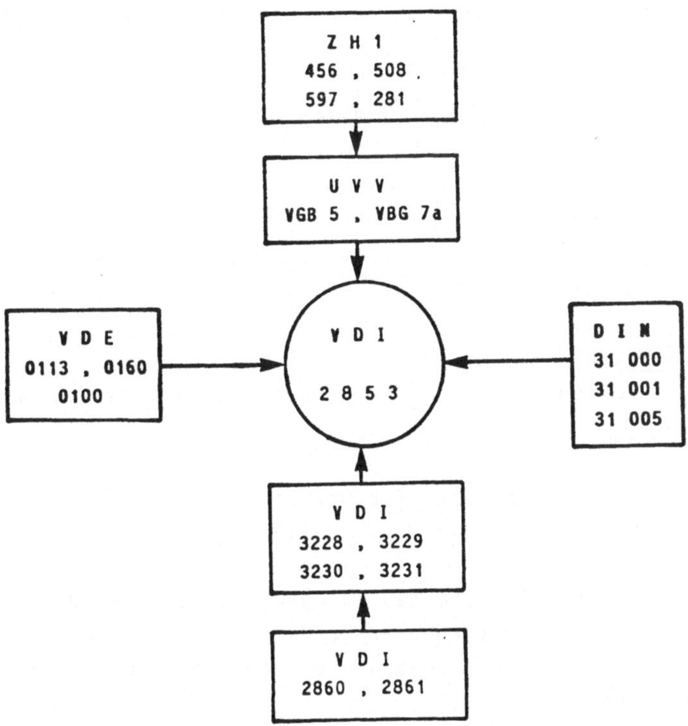


Legende:

| | |
|---|---|
| ZH1 ... | = Regeln der Technik, Hauptverband der gewerblichen Berufsgenossenschaft |
| UVV ... | = Unfallverhütungsvorschriften der Berufsgenossenschaft |
| DIN ... | = Sicherheitsgerechtes Gestalten technischer Erzeugnisse |
| VDE 0100 | = Errichten von Starkstromanlagen mit Nennspannungen bis 1000 V |
| VDI | = Technische Ausführungsrichtlinien für Werkzeugmaschinen und andere Fertigungsmittel |

Bild 1.1: Sicherheitsvorschriften für Industrieroboter /6/

In der Richtlinie VDI 2853 werden drei Bereiche unterschieden:

1. Maßnahmen am Industrieroboter,
2. Maßnahmen bei der Systemgestaltung,
3. Verhaltensregeln bei der Bedienung.

zu 1. Maßnahmen am Industrieroboter

Diese Maßnahmen müssen insbesondere von den Industrieroboter-Herstellern getroffen werden. Die wichtigsten Maßnahmen am Industrieroboter sind:

- Vermeidung von Quetsch- und Scherstellen
- Rechnerunabhängige Not-Aus-Kreise
- Möglichkeit der Integration von peripheren Sicherheitseinrichtungen des Anwenders in den Not-Aus-Kreis
- Sichere Achsbegrenzung für die Hauptachsen (mechanische Festanschläge oder kontaktbehaftete elektrische Grenztaster).

zu 2. Maßnahmen bei der Systemgestaltung

Die Maßnahmen betreffen vor allem die Planung und den Aufbau der Anlage.

Grundsätzlich ist der Gefahrenbereich des Industrieroboters durch Schutzeinrichtungen abzusichern. Nach Definition VDI 2853 gilt als Gefahrenbereich:
"Der Gefahrenbereich (Hüllfläche des Bewegungsraumes) ist der räumliche Bereich, der von Industrierobotern einschließlich Werkstücken und Werkzeugen aufgrund der ihnen zugeordneten Bewegungsmöglichkeiten beschrieben werden kann."
Für das Absichern des Gefahrenbereichs können einzelne oder in Kombination einsetzbare Schutzeinrichtungen verwendet werden. Zum Beispiel:

* Trennende Schutzeinrichtungen (Umzäunungen, Kabinen mit Sichtöffnungen)
* Schutzeinrichtungen mit Annäherungsfunktionen (Lichtschranken, Schaltmatten, Schaltleisten usw.)
* Ortsbindende Schutzeinrichtungen (Zweihandschaltung, Schaltplatten mit zusätzlich zu betätigenden Drucktastern)

Ergänzend dazu sind Schutzeinrichtungen so zu gestalten, daß wegfliegende Teile aufgefangen werden und Funken, Strahlen, Gase, Rauche usw.

Personen nicht gefährden können.

Bild 1.2 zeigt schematisch die wichtigsten sicherheitstechnischen Gestaltungsmaßnahmen, die ein Industrieroboter-System aufweisen sollte.

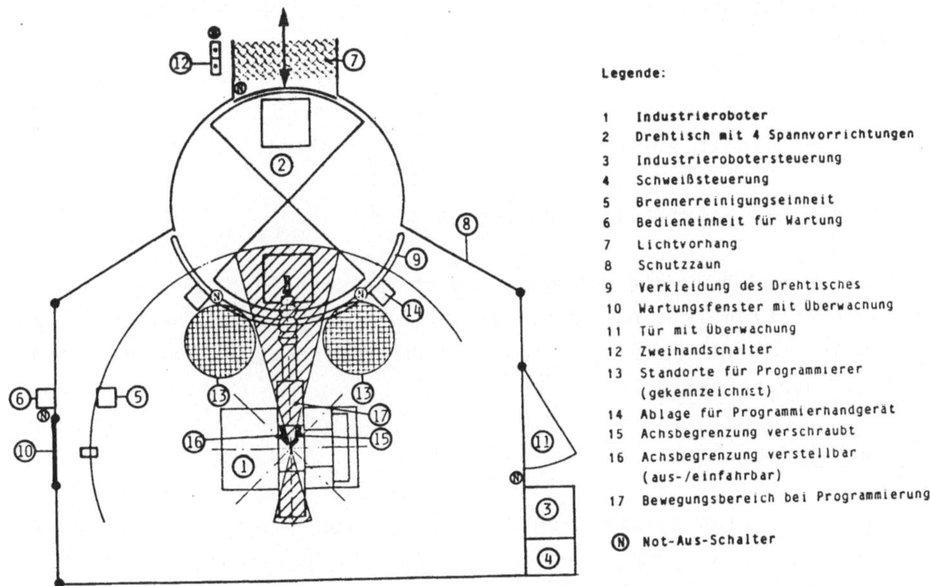


Bild 1.2: Sicherheitstechnische Gestaltung für ein Industrieroboter-System

## zu 3. Verhaltensregeln bei der Bedienung

Um das Risiko für den Maschinenbediener so klein wie möglich zu halten, müssen bei der Arbeit mit dem Industrieroboter bestimmte Verhaltensregeln beachtet werden.

Man unterscheidet zwei grundsätzliche Betriebsarten:

Automatikbetrieb

Der Automatikbetrieb darf nur eingeleitet werden, wenn sichergestellt ist, daß die Schutzeinrichtungen wirksam sind und daß sich keine Personen innerhalb des durch Schutzeinrichtungen abgegrenzten Bereichs aufhalten.

Ist es unumgänglich, daß der abgegrenzte Bereich betreten werden muß (z.B. Schweißparameteroptimierung während des Schweißens), so ist dies nur zulässig, wenn:

* keine anderen technischen Maßnahmen möglich sind,
* Türen von Schutzeinrichtungen von innen jederzeit leicht zu öffnen sind,
* Personen dazu schriftlich beauftragt sind.

Desweiteren sollten die Personen durch ortsbindende Schutzeinrichtungen an Plätzen in Schutzzonen gebunden werden oder, wenn dies nicht möglich ist, durch eine mitführbare Schalteinrichtung mit Not-/Aus- und Zustimmungsschalter abgesichert sein.

Einrichtbetrieb

Der Einrichtbetrieb sollte nach Möglichkeit von Plätzen außerhalb des durch Schutzeinrichtungen abgegrenzten Bereichs erfolgen. Ist dies nicht möglich, d.h. der Bedienungsmann muß innerhalb des durch Schutzeinrichtungen abgegrenzten Bereiches Einrichtarbeiten ausführen, so dürfen die Schutzeinrichtungen mittels eines Schlüsselschalters aufgehoben werden. Desweiteren sind die in Tabelle 1.3 aufgeführten Schutzeinrichtungen einzusetzen.

| Schutzeinrichtungen des Programmierhand-handgerät beim Einrichten (erforderliche technische Sicherheitseinrichtungen) | Betriebsart "Einrichten" | | |
|---|---|---|---|
| | Program-mieren | Testen mit red. Geschw. | Testen mit Arbeitsgeschw. |
| Tippschaltung (für Bewegungsfunktionen) | X | X | X |
| NOT-AUS | X | X | X |
| Zwangsweise reduzierte Geschwindigkeit | X | X | 0 |
| Totmann- bzw. Zustimmungsschaltung (der Tippschaltung übergeordnet) | 0 | 0 | (X) |

Tabelle 1.3: Schutzeinrichtungen bei verschiedenen Betriebsarten von Industrierobotern (x...erfoderlich; 0...nicht erforderlich /5/

## 1.3 **Wirtschaftlichkeit**

Bei der Beurteilung von Arbeitssystemen spielt die Frage der Wirtschaftlichkeit eine wichtige Rolle. In der Regel wird ein Unternehmen, falls keine übergeordneten (z.B. humanitäre) Gesichtspunkte die Entscheidung von vornherein in eine bestimmte Richtung lenken, dasjenige Arbeitssystem bevorzugen, in welchem längerfristig bei der Herstellung von Gütern die geringsten Kosten pro Stück verursacht werden.

Unter Arbeitssystem wird in diesem Zusammenhang ein Teilsystem eines industriellen Produktionssystems verstanden, wobei die Erfüllung der Arbeitsaufgabe durch die Kombination der Systemkomponenten Mensch - Betriebsmittel - Arbeitsgegenstand erfolgt. Die Grenzen des Arbeitssystems müssen so gelegt werden, daß eine Berücksichtigung aller relevanten Einflußgrößen möglich ist und auch die in Kap. 1.2 dargestellten Gesichtspunkte einfließen.

Um alle Einflußgrößen erfassen zu können, darf sich die Wirtschaftlichkeitsuntersuchung nicht mit der Betrachtung des Industrieroboters allein zufrieden geben, sondern es bedarf eines Vergleiches der Arbeitssysteme vor und nach dem Einsatz des Industrieroboters.

### 1.3.1 Wirtschaftlichkeitsbetrachtung

Zur Ermittlung der für die Beurteilung einer Industrieroboterinvestition erforderlichen Einzelkosten sind umfangreiche Planungsarbeiten erforderlich. Bevor diese in Angriff genommen werden, sollte zunächst überschlägig geprüft werden, ob die umzugestaltenden Schweißarbeitsplätze in technischer und wirtschaftlicher Hinsicht für eine Automatisierung geeignet sind.

Folgende Schritte sollten dabei eingehalten werden:

1. Analyse des Werkstückspektrums und Bilden von Teilefamilien.
2. Ermitteln des zeitlichen und technischen Kapazitätsbedarfs.
3. Aufstellung des Anforderungsprofils/Pflichenheftes.
4. Grobabschätzung der Wirtschaftlichkeit und Vorentscheidung für oder gegen die Investitionsmaßnahme.

Für die Grobabschätzung der Wirtschaftlichkeit ist eine einfache Wirtschaftlichkeitsbetrachtung am besten geeignet.

#### 1.3.1.1 Vorarbeiten für eine Wirtschaftlichkeitsbetrachtung

Mit einer Grobanalyse müssen zunächst die Merkmale erfaßt werden, die wesentlichen Einfluß auf den gesamten Investitionsaufwand haben. In Tabelle 1.4 sind eine ganze Reihe solcher kostenverursachenden Einflußgrößen, unterteilt in Einflußgruppen, zusammengestellt.

| Einflußgruppe | Einflußgröße |
|---|---|
| Planung | Voruntersuchungen<br>Vorversuche<br>Aufstellungsplan |
| Handhabungsgerät | Grundpreis<br>Zoll<br>Transport und Verpackung<br>Anpassung an Werkvorschriften |
| Ausstattung | Programmiereinrichtung<br>Programmarchivierung<br>Sonderwerkzeuge, Prüfgerät<br>Ersatzteile<br>Schweißzubehör, Hilfsvorrichtungen<br>Zusatzkühlung<br>Brandschutz |
| Aufstellung | Fundament, Verankerung<br>Energieversorgung<br>Sicherheitseinrichtungen<br>Anpassung vorhandener Maschinen<br>Verkettung mit beteiligten Maschinen<br>Puffer<br>Werkstückaufbereitung (Vereinzelung, Positionierung)<br>Werkzeugänderung (Zentrierung, Aufnahme)<br>Störungsanzeigen |
| Betrieb | Energiekosten<br>Inbetriebnahme (Anlaufphase, Notpersonal)<br>Bedienung<br>Ersatzteile<br>Wartung und Instandhaltung<br>Umprogrammierung |
| Sonstiges | Lehrgänge, Einweisungen<br>Bedienungsanleitungen<br>Dokumentation |

Tabelle 1.4: Kostenverursachende Einflußgrößen /7/

Neben den kostenverursachenden Einflußgrößen müssen auch diejenigen Größen festgelegt werden, die für die Kosten bislang manueller Arbeitsplätze bestimmend sind. Dies sind unter anderem: die Anzahl der Arbeitskräfte, die Anzahl der Schichten, der Umfang arbeitsplatzbedingter Erkrankungen bzw. Unfälle, Fluktuation, Ausschuß usw.. Eine Gegenüberstellung der Investitionskosten beim manuellen und beim mit

Industrieroboter automatisierten Schweißen kann dabei für einen Kostenvergleich sehr hilfreich sein. Bild 1.3 zeigt beispielsweise, welche Arbeitsplatzkosten beim manuellen Ist-Zustand und beim automatisierten Soll-Zustand auftreten können.

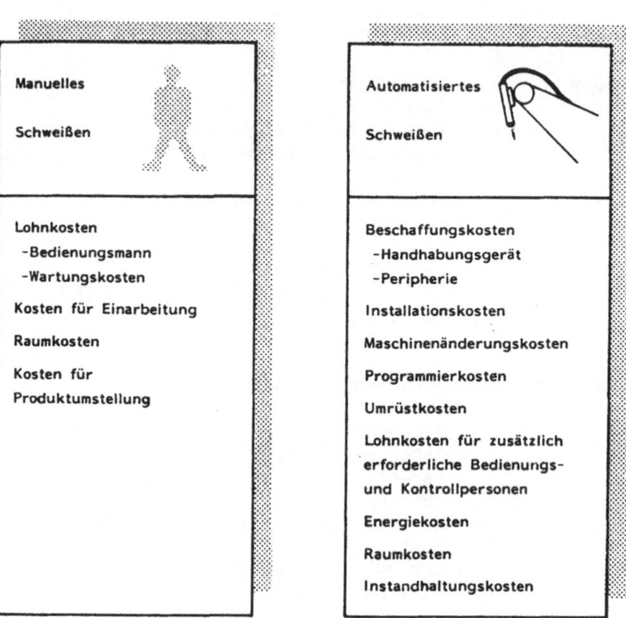


Bild 1.3: Arbeitsplatzkosten beim manuellen und mit Industrieroboter automatisierten Schweißen

Die Erfassung der wichtigsten kostenbeeinflussenden Größen bereits vor Beginn größerer Planungsarbeiten liefert einen ersten Anhaltspunkt für eine Investitionsentscheidung, aber erst nach Erstellung eines detaillierten Lösungskonzepts können die Kosten des Schweißrobotereinsatzes tatsächlich abgeschätzt werden. Aufgrund der Kenndaten des Schweißroboters und der Peripheriegeräte läßt sich dann auch die erreichbare Ausbringungsrate überschlägig berechnen.

#### 1.3.1.2 Durchführung der Wirtschaftlichkeitsbetrachtung

Die Wirtschaftlichkeitsbetrachtung kann anhand von bewährten Kenngrößen aus der industriellen Praxis wie Amortisation, Rentabilität usw., erfolgen. Hierbei reichen zur Berechnung dieser Größen relativ einfache - statische - Rechenverfahren (siehe Kapitel 1.3.3) aus. Aufwendige dynamische Rechenverfahren führen in der Planungsphase, in der die zu berücksichtigenden Kosten nur auf Schätzwerten basieren, zu keinem aussagekräftigeren Ergebnis.

Wesentlichen Einfluß auf die Investitionsentscheidung hat die Festlegung der wirtschaftlichen Nutzungsdauer des Schweißroboters. Viele Anwender neigen dazu, Industrieroboter in ein bis maximal zwei Jahren amortisieren zu wollen. Diese Einstellung, die vom Einsatz von Sondermaschinen und starren Automatisierungsmitteln herrührt, ist für den flexiblen Industrierobotereinsatz sicher nicht richtig. Der Ansatz einer kalkulatorischen Nutzungsdauer von mindestens drei Jahren, in den meisten Fällen aber sogar von fünf Jahren, erscheint gerechtfertigt. Dieses um so mehr, je flexibler das jeweilige Automatisierungskonzept und desto geringer damit seine Bindung an die jeweilige Schweißaufgabe ist.

#### 1.3.1.3 Investitions- und Wirtschaftlichkeitsrechnung

Investitions- und Wirtschaftlichkeitsrechnungen sind Methoden, die eine Beurteilung hinsichtlich quantifizierbarer Kriterien wie z.B. Ertrag, Gewinn oder Verzinsung ermöglichen.

Der Begriff der Investitionsrechnung wird häufig mit dem Begriff der Wirtschaftlichkeitsrechnung gleichgesetzt. Dies ist nur dann richtig, wenn die Rentabilität (Verhältnis von Gewinn zu eingesetztem Kapital) ausschließlich durch eine Verminderung der Ausgaben erreicht wird. Kommt es sowohl durch eine Verringerung der Kosten als auch durch eine Erhöhung der absetzbaren Ausbringungsmenge zu einer Rentabilität, liegt eine Investitionsrechnung vor.

Bei vielen Industrieroboter-Einsatzfällen ist die Investitionsrechnung mit der Wirtschaftlichkeitsrechnung gleichzusetzen, da die Gründe für den Einsatz weniger darin liegen, die Produktion auszuweiten, sondern vor allem darin, die Kosten zu senken. Investitions- bzw. Wirtschaftlichkeitsrechnungen sind eine wesentliche Grundlage für eine Investitionsentscheidung.

Welche statischen Rechenverfahren bei der Entscheidungsfindung angewendet werden können, ist in Kapitel 1.3.3 näher erläutert. Weitergehende dynamische Wirtschaftlichkeitsberechnungen können in /10/ nachgeschlagen werden.

### 1.3.2 Einflußfaktoren der Wirtschaftlichkeit

Eine optimale Kapitalverwertung ist nur dann gegeben, wenn neben den quantitativen Beurteilungskriterien (Einnahmen und Ausgaben) auch die qualitativen Merkmale (Vor- und Nachteile, die sich nicht oder nur schwer in Geld ausdrücken lassen) ausreichend berücksichtigt werden.

Zur Verdeutlichung sind hierzu zum einen in Bild 1.4 die Einflußfaktoren der Einnahmen- und Ausgabenrechnung, unterteilt in technisch, organisatorisch und personell bedingte Einflüsse, dargestellt. Zum anderen gibt Tabelle 1.5 eine Übersicht über einige wesentliche technisch-wirtschaftliche Auswirkungen des Industrieroboter-Einsatzes und damit verbundener Kostenersparnisse bzw. Gewinnzuwächse.

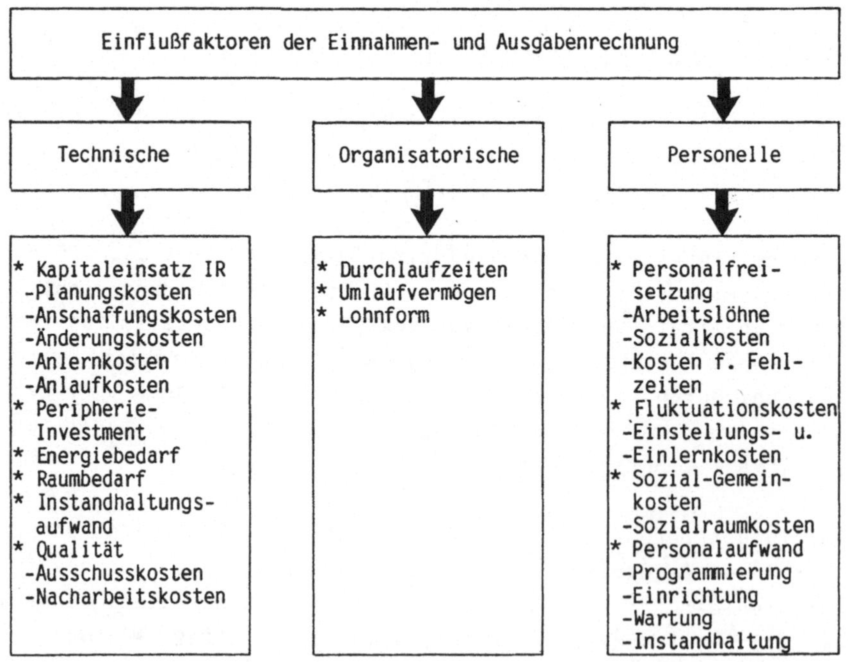


Bild 1.4: Einflüsse auf die Einnahmen- und Ausgabenrechnung

| Technisch-wirtschaftliche Auswirkungen | Gewinnzuwachs | |
|---|---|---|
| | Kostensenkung | andere Bestandteile des Gewinnzuwachses |
| 1. Einsparungen an Arbeitszeitaufwand | - Lohnkostensenkung<br>- Verringerung der direkt lohnabhängigen Gemeinkosten | - Gewinnzuwachs aus zusätzlicher Produktion im Ergebnis des Wiedereinsatzes der gewonnenen Arbeitskräfte |
| 2. Erhöhung der tatsächlichen Produktivität | - Senkung der maschinenabhängigen Kosten<br>- relative Kostensenkung durch zusätzliche Produktion | - Gewinnzuwachs aus zusätzlicher Produktion im Ergebnis der Erhöhung der nutzbaren Zeitfonds und ihrer besseren Ausnutzung |
| 3. Verringerung der Prozeßdauer | - Senkung der Umlaufmittelbindungskosten<br>- Senkung der Lager- und Transportkosten | - Extragewinne durch schnellere Erzeugnislieferung |
| 4. Erhöhung der Flexibilität | - Verringerung der Umstellkosten | - Extragewinne durch höhere Reaktionsfähigkeit<br>- Gewinnzuwachs durch zusätzliche Produktion |
| 5. Erhöhung der Qualität der Arbeitsergebnisse | - Verringerung der Materialkosten<br>- Verringerung der Ausschuß-, Nacharbeits- und Garantiekosten | - Extragewinne durch höhere Qualität |

Tabelle 1.5: Technisch-wirtschaftliche Auswirkungen des Industrieroboter-Einsatzes /8/

#### 1.3.2.1 Qualitative und quantitative Einflüsse durch Humanisierung

Die Durchführbarkeit von Humanisierungsmaßnahmen wird häufig bezweifelt, mit der Begründung, daß die Aufwendungen für solche Maßnahmen zu kostenintensiv seien, und damit letztendlich auch die Arbeitsplätze in Gefahr gerieten. Humanisierung ja, aber nur, wenn sie keine Zusatzkosten verursache.

Hinter dieser Sichtweise steckt die falsche Einschätzung, daß humane Arbeitsplätze nur dem Arbeitnehmer Vorteile bringen, während das Unternehmen die Nachteile in Form höherer Kosten zu tragen hat. Es läßt sich jedoch nachweisen, daß Humanisierung auch dem Unternehmen Vorteile bringt und daher als lohnende Investition anzusehen ist. Allerdings kann dieser Nachweis nicht anhand der üblichen Wirtschaftlichkeitsberechnungen erbracht werden, sondern es ist eine Erweiterung um schwer quantifizierbare Größen erforderlich.

Ausgangspunkt der Überlegungen ist die Erfahrung, daß gut gestaltete Arbeitsplätze, die zufriedenstellende Arbeitsinhalte aufweisen, erhöhte Motivation und innere Beteiligung der Beschäftigten zur Folge haben. Dadurch werden Krankenstand, Fehlzeiten und Fluktuation verringert. Auch die Kosten für Ausschuß und Nacharbeit sowie Ablaufstörungen können durch besser motivierte Arbeitnehmer gesenkt werden.

Bei der Einführung neuer Technologien kommt der Akzeptanz immer größere Bedeutung zu. Die menschengerechte Gestaltung neuer Produktionssysteme ist eine Voraussetzung für Akzeptanz.

Das Prinzip der Gruppenarbeit in Fertigungsinseln schafft sehr gute Voraussetzungen für die Bildung menschengerechter Arbeitsplätze. Gleichzeitig hat es erheblichen Einfluß auf wirtschaftliche Faktoren. Dies betrifft vor allem die Flexibilität, Senkung der Durchlaufzeiten, Verringerung des Lageraufwandes und der Kapitalbindung für zwischengelagerte Werkstücke. Im folgenden werden die wirtschaftlichen Vorteile der oben genannten Bereiche erläutert (siehe dazu auch /3/).

Krankenstand, Fehlzeiten, Fluktuation

Arbeitsbedingungen, die nicht dem Menschen angepaßt sind, führen auf Dauer zu verstärktem Verschleiß oder Krankheiten und verursachen damit Kosten, Überstunden oder die Notwendigkeit personeller Überkapazität. Diese Kosten können einerseits als Lohnfortzahlungskosten direkt im Betrieb wirksam werden oder sie sind lohnwirksame Bestandteile der Sozialversicherung in Form von Renten- und Krankenkassenbeiträgen. Andererseits wirken sie sich als Überstundenzuschlag oder zusätzlicher Lohn für Ersatzpersonal aus.

Welche Entwicklungen sich in der Arbeitswelt abzeichnen, wird deutlich an einer Hochrechnung der Bundesanstalt für Arbeit aus dem Jahre 1982. Diese Schätzung kommt zu dem Schluß, daß nur 40% der männlichen Arbeitnehmer, die bis 1990 aus dem Erwerbsleben ausscheiden, bis zu ihrem 65. Lebensjahr werden arbeiten können. Die anderen werden Frühinvaliden oder sterben vorher. 1980 betrug das Durchschnittsalter der Berufs- und Erwerbsunfähigkeitsrentner bei Rentenbeginn 54,2 Jahre. Krankmachende Arbeitsbedingungen verursachen also erhöhte Produktionskosten, daher ist Humanisierung wirtschaftlich, wenn sie Krankheitsursachen beseitigt.

Unter schlechten Arbeitsbedingungen weist die Fluktuation in der Regel höhere Werte auf als unter guten. Allerdings spielen noch weitere Faktoren wie z.B. die Arbeitsmarktlage eine Rolle. Humane Arbeitsplätze mit niedriger Fluktuation senken die Kosten für Personalsuche, Einstellung und Einarbeitung. Dieser Gesichtspunkt erlangt noch höhere Bedeutung bei hochqualifiziertem Personal, wie es für die Betreuung komplizierter Fertigungssysteme erforderlich ist.

Produktqualität

Bei höherer Motivation findet ein sorgfältigerer Umgang mit den Werkstücken und Arbeitsmitteln statt. Dadurch entstehen weniger Kosten für Nacharbeit bzw. Neuanfertigung und Material. Durch die erhöhte Eigenverantwortung in der Arbeitsgruppe kann der Aufwand für spezielle Kontrolleure verringert werden und schließlich werden Anpaßarbeiten eingespart, die bei ungenügender Maßhaltigkeit z.B. von der Montage zu leisten sind.

Störungsbeseitigung

Durch die Kapitalintensität komplizierter Fertigungssysteme steigt die Bedeutung des störungsfreien Betriebes, weil jeder Stillstand hohe Kosten verursacht. Menschengerecht gestaltete Arbeitsstrukturen wie z.B. Gruppenarbeit üben einen deutlichen Einfluß auf die Verringerung bzw. schnelle Beseitigung von Störungen aus. Vorausetzung ist allerdings die Übertragung von Eigenverantwortung und Entscheidungsmöglichkeiten an die Gruppe.

Durch die interne Regelung vieler Entscheidungen, die sonst oft zwischen mehreren Abteilungen geklärt werden müssen, entfallen viele Ansatzpunkte für organisationsbedingte Störungen. Das betrifft z.B. fehlendes Material und fehlende Arbeitspapiere, aber auch Warten auf die Instandhaltung bei Störungen, die an sich ohne großen Aufwand zu beseitigen wären. Das Fehlen von Material kann außerdem noch dadurch ausgeglichen werden, daß die Gruppe Entscheidungsmöglichkeiten hinsichtlich der Bearbeitungsreihenfolge besitzt und andere Aufträge vorziehen kann, vor allem, wenn sie einen Rohteilpuffer mit Inhalt von mehreren Tagen besitzt. Hohe Qualifikation und Motivation haben häufig besseren Umgang mit Betriebsmitteln und frühzeitiges Erkennen von Störungen zur Folge, die schon beseitigt werden, bevor sie schwerwiegende Folgen haben können.

Schließlich kann das Fehlen von Personal bei Krankheit oder Urlaub besser aufgefangen werden, wenn alle Arbeiter in einer Fertigungsinsel den gleichen Qualifikationsstand aufweisen und an allen Arbeitsplätzen einsetzbar sind.

Akzeptanz neuer Technologien

Die Automatisierung stellt scheinbar eine größere Unabhängigkeit vom "Faktor Mensch" dar. Dieser Gesichtspunkt spielt sicher eine nicht unerhebliche Rolle bei manchen Investitionsentscheidungen.

Paradoxerweise wächst jedoch die Bedeutung der in der Produktion verbleibenden Menschen. Damit erhalten auch ihre Arbeitsbedingungen mehr Gewicht. Wenn die Arbeitnehmer neue Technologien nicht akzeptieren, weil die Art ihrer Einführung und ihres Einsatzes für sie nicht akzeptabel ist, wird das gravierende Auswirkungen für viele Firmen zur Folge haben. Das Akzeptieren neuer Technologien setzt den Arbeitsplatzerhalt sowie die menschengerechte Gestaltung und Einsatzplanung voraus. Wenn sich bei den Arbeitnehmern das Gefühl verfestigt, daß die Automatisierung persönliche Nachteile mit sich bringt, werden sie sich dagegen stellen, sei es individuell in Form mangelnder Aufgeschlossenheit oder gemeinsam als Verweigerung.

Dadurch würde die Nutzbarkeit neuer Technologien erheblich eingeschränkt, mit der Folge wirtschaftlicher Einbußen. Unter diesem Gesichtspunkt weist der humane Einsatz neuer Technologien ebenfalls wirtschaftliche Vorteile auf.

Einsparung von Gemeinkosten

Die in den Kapiteln 2-9 beschriebenen Fallbeispiele zeigen die Einbindung von Roboter-Schweißsystemen in Fertigungsinseln und ihre Betreuung durch Arbeitsgruppen. Wie in den Beispielen näher ausgeführt wird, übernehmen die Arbeitsgruppen einen Teil der Tätigkeiten, die den Gemeinkosten zuzurechnen sind. Dazu gehören

- genaue Arbeitsplanerstellung,
- Terminkontrolle,
- Qualitätskontrolle,
- einfache Instandhaltungsarbeiten,
- Transport zwischen den einzelnen Stationen der Fertigungsinsel und
- Vorrichtungswesen.

Die Einsparung besteht nicht darin, daß die Gruppe durch Übernahme von Gemeinkostenfunktionen Mehrarbeit leisten muß, sondern wegen der unbürokratischeren Ablaufsteuerung sind weniger Formalismen erforderlich. Dadurch sinkt der Gesamtaufwand.

Senkung der Durchlaufzeiten und Flexibilität

In Kapitel 2.3.4 ist am konkreten Beispiel die Senkung der Durchlaufzeiten beschrieben. Zurückzuführen ist dieser Vorteil auf die enge Verknüpfung von Folgearbeitsplätzen, die eine Zwischenlagerung überflüssig macht. Dadurch kann der Anteil der unproduktiven Transport- und Liegezeiten erheblich gesenkt werden.

Kurze Durchlaufzeiten ermöglichen höhere Termintreue und sichern Absatzmöglichkeiten, wenn es auf hohe Lieferbereitschaft ankommt. Diese Art der Arbeitsorganisation, die gleichzeitig viele Vorteile für die Schaffung befriedigender Arbeitsinhalte bietet, hat unter den Bedingungen des härteren Wettbewerbs eindeutige wirtschaftliche Vorteile, weil sie Aufträge sichert.

Eine Verbesserung der Flexibilität tritt in mehrfacher Hinsicht ein. Bei kurzfristigen Auftragsänderungen oder Eilaufträgen kann wegen des geringeren Steuerungsaufwandes schneller reagiert werden. Personalausfall ist leichter aufzufangen, weil alle Gruppenmitglieder mehrere Tätigkeiten in der Fertigungsinsel beherrschen. Die wichtigsten Vorteile der Flexibilität bestehen wie bei der Senkung der Durchlaufzeiten weniger in unmittelbaren Kosteneinsparungen, sondern vor allem in der stärkeren Position im Wettbewerb.

Verringerung der Lagerhaltungskosten

Durch das Prinzip der Fertigungsinsel findet eine Verringerung der Lagerhaltung in zwei Bereichen statt. Zum einen befinden sich weniger teilbearbeitete Werkstücke im Umlauf, weil die Zwischenlagerung verringert wird. Man kann davon ausgehen, daß die Zwischenlagerung etwa im gleichen Verhältnis reduziert wird wie die Durchlaufzeiten. In dem in Kapitel 2 beschriebenen Fallbeispiel beträgt die Reduktion ca. 60%. Zum anderen ist eine geringere Lagerhaltung von Fertigteilen erforderlich, weil Kundenwünsche wegen der kürzeren Durchlaufzeiten und der höheren Flexibilität der Fertigungsinsel schneller erfüllt werden können. Die dadurch verringerte Kapitalbindung hat deutliche Zinseinsparungen zur Folge und ist damit wirtschaftlich.

Zusammenfassend läßt sich also feststellen, daß Humanisierung wirtschaftliche Vorteile mit sich bringt. Insbesondere unter den Bedingungen komplexer technischer Fertigungssysteme gewinnt dieser Gesichtspunkt an Bedeutung, weil ihre Vorteile nur dann in vollem Umfang nutzbar sind, wenn motivierte Mitarbeiter in einer angepaßten flexiblen Arbeitsstruktur mit diesen Systemen arbeiten.

Nach diesen schwer quantifizierbaren Einflußfaktoren, die den Robotereinsatz auch zusammen mit Humanisierungsmaßnahmen wirtschaftlich werden lassen, soll noch auf einige eng mit dem Industrieroboter-Einsatz zusammenhängende Faktoren eingegangen werden, die sich aber in der Planungsphase allenfalls nur grob abschätzen lassen.

#### 1.3.2.2 Industrieroboterspezifische Einflußfaktoren

Hinsichtlich der Wirtschaftlichkeit beim Schweißen mit Industrierobotern können folgende Punkte festgehalten werden:

* Die reine Schweißzeit bei gleichem Nahtquerschnitt, Nahtvolumen, Nahtlänge und Nahtlage ändert sich gegenüber dem manuellen Schweißen nicht wesentlich. In der Regel kann von einer Zeiteinsparung von 5-10% ausgegangen werden.

* Durch die gleichmäßige Schweißguteinbringung kann mit einer Reduzierung des Schweißmaterials bis zu 15% gerechnet werden.

* Durch das Schweißen an mehreren Bearbeitungsstationen oder durch die Installation eines Vorrichtungspuffers wird erreicht, daß das Ein-/Auslegen der Werkstücke in die Hauptzeit des zum gleichen Zeitpunkt geschweißten Werkstückes fällt.

* Durch die bereits angesprochene Kontinuität der Schweißguteinbringung beim Industrieroboter-Schweißen wird eine bessere Schweißnahtqualität erreicht. Der Nacharbeitsaufwand kann dadurch verringert werden, und es sind nur Stichprobenkontrollen durchzuführen.

* Die Amortisationszeit von Industrieroboter-Anlagen läßt sich wie für jede andere Maschine berechnen. Wichtig ist hierbei jedoch, daß man die Programmierzeit/-häufigkeit beachtet, da dieser Zeitanteil nicht als Produktionszeit gerechnet werden darf (Programmierarten, Teaching usw.).

### 1.3.3 Rechenverfahren zur Wirtschaftlichkeit

Nachstehend sind einige statische Rechenverfahren aufgeführt, mit denen verschiedene Wirtschaftlichkeitskenngrößen auf einfache Art und Weise ermittelt werden können.

#### 1.3.3.1 Kostenvergleichsrechnung

Für erste Investitionsbetrachtungen hat sich die Kostenvergleichsrechnung als einfaches und anschauliches Beurteilungsinstrument erwiesen. Dabei werden zwei oder mehr Investitionsalternativen dem Ist-Zustand gegenübergestellt. In der Regel wird der Kostenvergleich durchgeführt, wenn ein vorhandener Schweißarbeitsplatz zu einem bestimmten Zeitpunkt durch einen Industrieroboter automatisiert werden soll.

Als Entscheidungskriterium zugunsten einer Roboteraufstellung gelten /9/:

1) $K_I < K_T$
wobei
$K_I$ = Kosten des Industrieroboters pro Fertigungsstunde
$K_T$ = Kosten des manuellen Arbeitssystems pro Fertigungsstunde

2) $G_I > G_T$ oder $E_I - K_I > E_T - K_T$
wobei
$G_I$ = Gewinn des Industrieroboters vor Steuern
$G_T$ = Gewinn der manuell produzierenden Einheit vor Steuern
$E_I$ = Erlöse des Industrieroboters (mangelfreie Leistungseinheiten, Verkaufspreis ohne Mehrwertsteuer)
$E_T$ = Erlöse des manuellen Arbeitssystems (mangelfreie Leistungseinheiten, Verkaufspreis ohne Mehrwertsteuer)

Die zweite Relation bietet die Möglichkeit, eine eventuell höhere Produktivität des Schweiß-Industrieroboters mit zu berücksichtigen. Das erweist sich allerdings nur dann als sinnvoll, wenn die höhere Produktionsleistung auf dem Markt zum gleichen Preis abgesetzt werden kann.

Für die Durchführung des Kostenvergleiches werden eine Menge verschiedener Input-Daten für die Berechnung der Wirtschaftlichkeitskenngrößen des manuellen Schweiß-Arbeitssystems und des Industrieroboter-Arbeitssystems benötigt. In Tabelle 1.6 sind beispielsweise die Input-Daten für ein Industrieroboter-Arbeitssystem zusammengestellt. Wie der Kostenvergleich im einzelnen anhand solcher Input-Datenblätter vorgenommen wird und welche Gesichtspunkte dabei im einzelnen berücksichtigt werden müssen, kann in /10/ nachgelesen werden.

<table>
<tr><th colspan="6">Input-Daten Industrieroboter-Arbeitssystem</th></tr>
<tr><th>Nr.</th><th colspan="3">Bezeichnung</th><th>Einheit</th><th></th></tr>
<tr><td>(1)</td><td colspan="2">Kapitaleinsatz</td><td>Planungskosten<br>Anschaffungskosten (ges.)<br>Installationskosten<br>Änderungskosten<br>Anlernkosten<br>Anlaufkosten</td><td>DM<br>DM<br>DM<br>DM<br>DM<br>DM</td><td></td></tr>
<tr><td>(2)</td><td colspan="3">Kalkulatorischer Zinssatz</td><td>%</td><td></td></tr>
<tr><td>(3)</td><td colspan="3">Wirtschaftliche Nutzungsdauer</td><td>Jahre</td><td></td></tr>
<tr><td rowspan="6">(4)</td><td rowspan="6">Personal</td><td rowspan="2">Wartung/ Inst.</td><td>Lohn- und Sozialkosten</td><td>DM/a</td><td></td></tr>
<tr><td>Anzahl</td><td>-</td><td></td></tr>
<tr><td rowspan="2">Progr./ Einst.</td><td>Lohn- und Sozialkosten</td><td>DM/a</td><td></td></tr>
<tr><td>Anzahl</td><td>-</td><td></td></tr>
<tr><td rowspan="2">Resttätigkeit</td><td>Lohn- und Sozialkosten</td><td>DM/a</td><td></td></tr>
<tr><td>Anzahl</td><td>-</td><td></td></tr>
<tr><td rowspan="2">(5)</td><td rowspan="2">Energie</td><td colspan="2">mittlere Leistungsaufnahme</td><td>kW</td><td></td></tr>
<tr><td colspan="2">Strompreis</td><td>DM/kWh</td><td></td></tr>
<tr><td rowspan="2">(6)</td><td rowspan="2">Raum</td><td colspan="2">Flächenbedarf</td><td>$m^2$</td><td></td></tr>
<tr><td colspan="2">Quadratmeterpreis</td><td>$DM/m^2 * a$</td><td></td></tr>
<tr><td>(7)</td><td colspan="3">Nachbearbeitungskosten</td><td>DM/a</td><td></td></tr>
<tr><td>(8)</td><td colspan="3">Ausschußkosten</td><td>DM/a</td><td></td></tr>
<tr><td>(9)</td><td colspan="3">Geplante Auslastung</td><td>h/a</td><td></td></tr>
<tr><td>(10)<br><br><br>(11)</td><td colspan="3">Stückzeit Produkt a<br>.<br>.<br>.<br>Stückzeit Produkt n</td><td>h/St<br><br><br>h/St</td><td></td></tr>
</table>

Tabelle 1.6: Input-Daten für ein Industrieroboter-Arbeitssystem

### 1.3.3.2 Amortisationsrechung

Die Amortisationsrechnung baut auf der Kostenvergleichsmethode auf. Mit ihrer Hilfe soll der Zeitraum ermittelt werden, in welchem der Kapitaleinsatz über die durchschnittliche jährliche Wiedergewinnung zurückgeflossen ist. Die Beziehung für die statische Amortisation lautet /11/:

$$\text{Amortisationszeit(AZ)} = \frac{\text{Kapitaleinsatz}}{\varnothing \text{ jährliche Wiedergewinnung}} * \frac{I}{Kges}$$

Die jährliche Wiedergewinnung setzt sich zusammen aus: jährliche Kostenersparnis (KgesT/m - KgesI/IR) plus jährlichem Gewinnzuwachs. Ein Gewinnzuwachs ist nur dann zu verzeichnen, wenn ein erhöhter Ausstoß vom Markt angenommen wird. Eine Senkung des Stückpreises muß daher bei der Berechnung berücksichtigt werden.

Bei vielen Unternehmen, besonders bei Klein- und Mittelbetrieben, ist die Amortisationszeit ein wichtiges, wenn nicht das wichtigste Kriterium für eine Investitionsentscheidung. Oftmals werden von der Geschäftsleitung pauschale Amortisationszeiten festgelegt, die eine Investition nicht überschreiten darf. Damit wird beabsichtigt, das Risiko in Form einer Zeitdauer deutlich zu machen und zu begrenzen.

In diesen Betrieben wird der Rückflußdauer deshalb große Bedeutung beigemessen, da in dieser Zeit das eingesetzte Kapital gebunden und somit die Liquidität, besonders bei kapitalintensiven Investitionen, während der Kapitalbindungszeit gering ist.

Bei Erweiterungsinvestitionen fallen die Rückflüsse in Form von zusätzlichen Gewinnen an, bei Rationalisierungsinvestitionen in Form von Kostenersparnissen.

Bei Einzweckanlagen hat die Berechnung der Amortisationsdauer durchaus ihre Berechtigung, weil Einzweckanlagen in der Regel ausgemustert werden, wenn für das Produkt kein Markt mehr vorhanden ist. Die Amortisationsdauer wird dort mit der Produktlebensdauer verglichen und danach die Investition entschieden. Industrieroboter sind dagegen für verschiedene Produkte flexibel einsetzbar. Ihr Einsatz hängt nicht von der Produktlebensdauer, sondern von der technischen Lebensdauer des Gerätes selber ab. In diesem Fall darf die Amortisationszeit also nicht mit der Produktlebensdauer, sondern muß mit der technischen Lebensdauer des Industrieroboters verglichen werden.

#### 1.3.3.3 Rentabilitätsberechnung

Bei der Ermittlung der Rentabilität wird das Verhältnis von Kostenersparnis zum eingesetzten Kapital betrachtet /12/.

Die Rentabilität der Kapitalanlage für ein Industrierobotersystem errechnet sich somit aus:

$$\text{Rentabilität (ROI)} = \frac{\text{jährliche Kostenersparnis}}{\text{Kapitaleinsatz}} * 100\ (\%)$$

Bei den Kosten müssen auch die Abschreibungen für den Investitionsaufwand angegeben werden. Durch die Rentabilität wird somit die Kapitalverzinsung wiedergegeben.

In der Einführungsphase eines Industrieroboter-Arbeitssystems kann es vorkommen, daß ein Rentabilitätsrückgang zu verzeichnen ist. Die Ursachen dafür liegen in der Regel in Anlaufschwierigkeiten, die größtenteils in der Geräteperipherie begründet sind.

#### 1.3.3.4 Berechnung der Grenzstückzahl (Grenznutzungszeit)

Kostenvergleichsrechnungen durch Gegenüberstellungen der Stück- oder Platzkosten sind nur dann zuverlässig, wenn die geplante Stückzahl (bzw. Nutzungszeit) im Industrieroboter-Arbeitssystem auch tatsächlich erreicht wird. Andernfalls sind außerplanmäßige Auslastungsveränderungen, z.B. infolge von Anlaufschwierigkeiten oder Absatzproblemen bei den Auswirkungen auf die geplanten Produktions- bzw. Stückkosten einzukalkulieren. Bei einem Auslastungsrückgang bekommen sonst die fixen Kosten im Vergleich zu den variablen Kosten durch ihren gleichbleibenden Anteil immer mehr Gewicht und führen dann zu einer Kostenunterdeckung, wie sie in Bild 1.5 dargestellt ist.

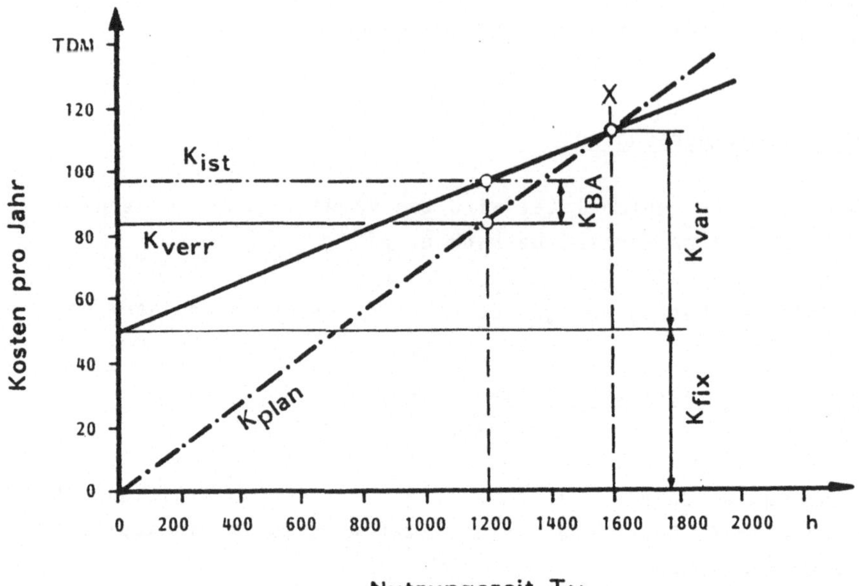


$K_{ist}$ : Kosten bei Auslastungsrückgang
$K_{verr}$ : Verrechnete Kosten
$K_{plan}$ : Geplante Kosten
$K_{BA}$ : Kosten für Beschäftigungsabweichung
$K_{var}$ : Variable Kosten
$K_{fix}$ : Fixe Kosten
x : Kritische Nutzungszeit

Bild 1.5: Kostenunterdeckung aufgrund von Auslastungsrückgang

Um eine Entscheidung für oder gegen den Einsatz von Schweißrobotern auch hinsichtlich unterschiedlicher Auslastungsbedingungen treffen zu können, stellt man durch die Grenzmengenrechnung die kritische Produktionsmenge x (bzw. die kritische Nutzungszeit $T_N$) fest, ab welcher der Einsatz bzw. eine andere Automatisierungslösung kostengünstiger wird. Dafür ist allerdings eine Teilkostenrechnung für die fixen und variablen Kostenanteile ($K_{fix}$ bzw. $K_{var}$) zu fordern. In Tabelle 1.7 ist die Gesamtheit der Kosten in fixe und variable Anteile aufgegliedert.

| Gesamtkosten IR | |
|---|---|
| fixe Kosten | variable Kosten |
| * Anschaffungskosten Industrieroboter<br>* Anschaffungskosten Zubehör (z.B. Greifer, Sensoren)<br>* Integrationskosten (Kosten der Einpassung in den Fertigungsablauf einschließlich Raumkostenperipherie)<br>* Finanzierungskosten<br>a) Fremdfinanzierung<br>b) Eigenfinanzierung<br>c) Leasing<br>* Versicherungskosten<br>* Ausbildungskosten für Industrieroboter-Programmierung/Umrüstung/Wartung/Kontrolle<br>* Kosten bei Anlaufstörungen<br>* Kosten der Unfallverhütung<br>* Personalkosten (Überwachungsfunktion)<br>* Kosten der Umstellung des absatzpolitischen Instrumentariums | * Kalkulatorische Abschreibungen<br>* Energiekosten<br>* Wartungskosten<br>* Transport- und Lagerkosten der Halb- und Fertigfabrikate<br>* Rüstkosten<br>* Fertigungs-/Hilfsstoffverbrauch<br>* Ausschuß |

Tabelle 1.7: Kostenstruktur bei Industrierobotern /9/

Bei der Auswahl zweier verschieden stark automatisierten Schweißanlagen geht man dazu über (bei gleichen Fixkosten), nur die variablen Kostenanteile miteinander zu vergleichen. Eventuell höhere Fixkosten bei der höher automatisierten Anlage B ($K_{fix}$(B)) müssen dann allerdings mit Hilfe einer Risikoanalyse zu beurteilen sein, indem der Grenzwert ermittelt wird.

Der Grenzwert der Mengenleistung (bzw. Nutzungszeit) ist der Wert (Stück/Stunde), der nicht unterschritten werden darf, um bei größeren Fixkosten einer mit Industrieroboter höher automatisierten Schweißanlage höhere Wirtschaftlichkeit als bei einer geringer automatisierten Schweißanlage zu erreichen.
Stellt sich nun heraus, daß bei der Anlage B geringere variable Kosten ($K_{var}$(B)) entstehen, so erhält man wegen des unterschiedlichen Anstiegswertes im Vergleich zu den variablen Kosten der alten Anlage A ($K_{var}$ (A)) bei einer graphischen Darstellung einen Schnittpunkt, an

dem man den Grenzwert für die günstigere Nutzungszeit $T_N$ oder Mengenleistung x der jeweiligen Anlage ablesen kann (siehe Bild 1.6).

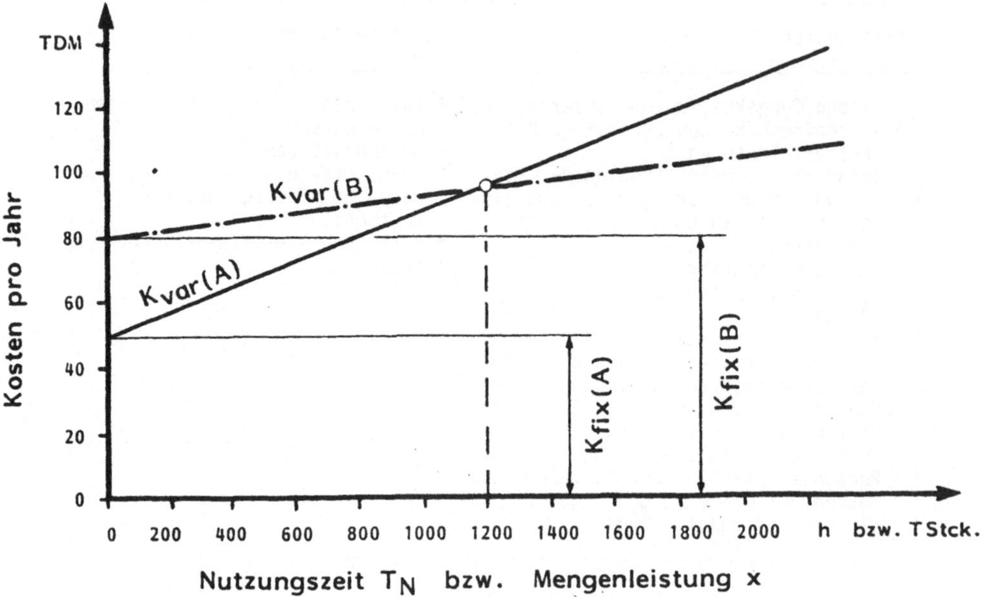


Bild 1.6: Ermittlung der Grenzstückzahl (für den Platzkostenvergleich)

Der Grenzwert x ergibt sich als Schnittpunkt der beiden Geraden :

$$x = \frac{K_{fix}(B) - K_{fix}(A)}{K_{var}(A) - K_{var}(B)}$$

### 1.3.3.5 Vergleich der vorgestellten Rechenverfahren

Der Anwender mit geringeren Kenntnissen der Wirtschaftlichkeitsrechnung kann nur schwer entscheiden, welches Rechenverfahren für ihn das jeweils geeignete ist, um die Entscheidung fällen zu können, ob ein Industrierobotersystem zum automatisierten Schweißen installiert werden soll und wenn ja welches. Die folgende Tabelle 1.8 gibt deshalb einen kurzen Überblick über die zuvor beschriebenen Rechenverfahren zur Bestimmung der Wirtschaftlichkeit.

| Kostenvergleichsrechnung | Amortisationsrechnung | Rentabilitätsrechnung | Grenzstückzahlrechnung |
|---|---|---|---|
| geeignet zur Auswahl von Systemalternativen | ermittelt den Rückgewinnungszeitraum | bestimmt die Rangordnung von Investitionen | stellt die kritische Produktionsmenge bzw. Nutzungszeit beim Vergleich von Systemalternativen fest |
| gut für die Beurteilung von Ersatz und Rationalisierungsinvestitionen | schafft die Grundlage für die Risikoabschätzung | gut für Beurteilung von Erweiterungs- und Rationalisierungsinvestitionen | |
| wird angewendet bei etwa gleich hohen Erträgen der Systemalternativen | wird auf der Grundlage des Kostenvergleichs durchgeführt | wird vor allem bei Kapitalknappheit gebraucht | gut bei schwankenden Auslastungsbedingungen, z.B. infolge von Absatzproblemen oder Anlaufschwierigkeiten |
| bietet keinen absoluten Maßstab für die Beurteilung | wird meistens zusammen mit der Rentabilitätsrechnung eingesetzt | nur für überschlägige Betrachtung geeignet | fixe und variable Kostenanteile müssen erfaßt werden |

Tabelle 1.8: Gegenüberstellung der statischen Rechenverfahren zur Wirtschaftlichkeitsrechnung

Es können über die vorgestellten Rechenverfahren hinaus auch umfangreiche und komplizierte Rechnungen dynamischer Art durchgeführt werden, auf die hier aber nicht näher eingegangen werden soll.

### 1.3.4 Weitere Betrachtungen zur Wirtschaftlichkeit

Die Entscheidung, ob die in der Planung für einen Schweißroboter erarbeitete Lösung realisiert werden soll, kann mit Hilfe der zuvor beschriebenen Verfahren und Methoden erleichtert werden. Darüberhinaus gibt es weitere Kriterien anhand derer eine Entscheidung herbeigeführt bzw. untermauert werden kann.

#### 1.3.4.1 Flexibilität

Mit der konventionellen Technik wurde bisher wachsende Automatisierung nur auf Kosten der Flexibilität erreicht. Ein hoher Automatisierungsgrad führte zwar im allgemeinen zu einer Produktivitätssteigerung und hohen Stückzahlen, begrenzte aber die Möglichkeit, verschiedene Produkte zu fertigen.

Im Gegensatz zur konventionellen Technik bietet der Industrieroboter neben einem hohen Automatisierungsgrad noch eine ausreichende Flexibilität. Die Flexibilität des Industrieroboter-Arbeitssystems wird durch seine Systembestandteile, Roboter und Zubringeeinrichtungen bestimmt.

Das von Industrierobotern erreichbare Flexibilisierungspotential ist durch die Anzahl der übernehmbaren Aufgaben und den erforderlichen Umstellungsaufwand beim Aufgabenwechsel gekennzeichnet. Die verschiedenen Aufgaben sind bestimmt durch die unterschiedlichen Schweißteile und Zusatztätigkeiten wie Brennerreinigung und eventuellen Brennerwechsel.

Die positiven Auswirkungen der Flexibilität müssen unter Berücksichtigung des zeitlichen Aspekts betrachtet werden. Kurzfristig wird sich die Auslastung der Kapazitäten und die Einsatzzeit des Fertigungsmittels durch Steigerung der Umrüstfähigkeit für ein wechselndes Produktspektrum erhöhen. Langfristig wird die Anpassung des Arbeitssystems an Modell- und Produktänderung ermöglicht, was zu einer längeren wirtschaftlichen Nutzung bis hin zur technischen Nutzungsdauer des Industrieroboters führt.

#### 1.3.4.2 Zuverlässigkeit

Für einen wirtschaftlichen Einsatz von Industrierobotern ist eine Nutzung über längere Zeiträume hinweg ohne Eingriffe des Menschen erforderlich.

Ein Maß für die Zuverlässigkeit ist der Ausnutzungsgrad:

$$n = \frac{\text{Gesamtnutzungszeit } t_G - \text{Ausfallzeit } t_A}{\text{Gesamtnutzungszeit } t_G} * 100\%$$

Unter der Gesamtnutzungszeit $t_G$ wird die Zeit verstanden, während der der Roboter produktiv tätig ist. Mit der Ausfallzeit $t_A$ werden solche Stillstandzeiten bezeichnet, die aufgrund von Reparaturen oder vorbeugenden Instandsetzungen auftreten. Die Zuverlässigkeit des Industrieroboter-Arbeitssystems ist nicht alleine vom Roboter selbst abhängig. Störungen in der Peripherie führen ebenfalls zu Stillstandzeiten des Arbeitssystems.

Bei einem System, bestehend aus mehreren Einzelbausteinen, sinkt trotz einer hohen Zuverlässigkeit seiner Bausteine die Systemzuverlässigkeit ab. Das bedeutet, die Zuverlässigkeit des Industrieroboter-Arbeitssystems liegt unter der geringsten Sicherheit seiner Systembestandteile.

Den zeitlichen Verlauf der Zuverlässigkeit bzw. die Verfügbarkeit von Industrierobotern zeigt Bild 1.7.

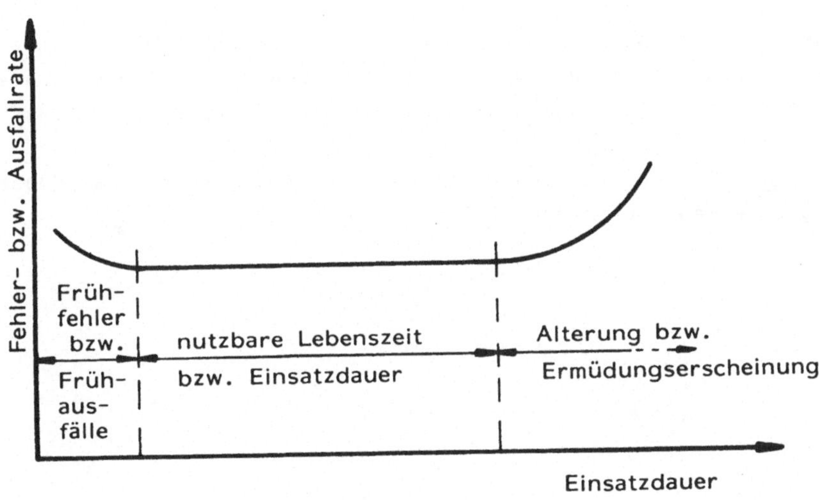


Bild 1.7: Verfügbarkeit von Industrierobotern

Ähnlich wie bei anderen Maschinen reduzieren sich die bei der Inbetriebnahme noch recht häufigen Frühausfälle nach dem Ausschalten von Planungsmängeln, technischen Problemen und Bedienfehlern schrittweise auf ein gewisses Maß an Zufallsausfällen. Sind diese Anlaufschwierigkeiten erst einmal überwunden, dann wird im allgemeinen eine relativ gleichbleibende Verfügbarkeit des Schweißroboters erreicht, bis die ersten einsatzbedingten Verschleißerscheinungen auftreten.

#### 1.3.4.3 Roboter-Leasing

Leasing ist eine Möglichkeit, positiv beurteilte Roboterinvestitionen auch bei begrenzten finanziellen Mitteln zu realisieren. Der Vorteil besteht bei diesem Finanzierungsinstrument vor allem darin, daß große Investitionsbeträge ihre "abschreckende" Wirkung verlieren, da der Anschaffungspreis ungefähr in der Zeit der normalen Nutzungsdauer abzuzahlen ist. In der Regel ist das Unternehmen beim Einsatz von Schweißrobotern sogar in der Lage, die anfallenden Leasingraten aus erzielten Mehrerlösen, z.B. aufgrund von Produktivitätssteigerungen und aufgrund reduzierter Kosten, zu finanzieren. Die vertraglich festgelegten Raten können bei einem Leasingvorhaben als Kalkulationsgrundlage herangezogen werden.

Besonders attraktiv wird Leasing aber erst dadurch, daß der normale Kreditrahmen nicht in Anspruch genommen werden muß. Mit dem noch vorhandenen Eigenkapital lassen sich zusätzliche Erträge erwirtschaften.

In Tabelle 1.9 sind die zehn wichtigsten Punkte, die für das Roboterleasing sprechen, zusammengestellt.

**10 PUNKTE, DIE FÜR ROBOTER-LEASING SPRECHEN**

1. Jeder Roboter-Anlagenkauf erfordert einen bestimmten Anteil an Eigenmitteln. Leasing hat den Effekt 100prozentiger Fremdfinanzierung.
2. Über die gesamte Vertragszeit hat Leasing eine liquiditätsschonende Wirkung.
3. Leasingzahlungen bilden eine transparente Kalkulationsgrundlage, da die Höhe der Leasingrate fest vereinbart wird.
4. Leasing schont Kreditlinien. Eine Abhängigkeit gegenüber herkömmlicher Finanzierungsquellen wird verringert.
5. Der langfristige Leasingvertrag entspricht normalerweise dem Amortisationsverlauf und die Kosten können aus dem laufenden Ertrag gedeckt werden.
6. Eine angepaßte Laufzeit des Leasing-Vertrages an die individuelle Nutzungsdauer läßt die Gefahr der technischen Überalterung einschränken.
7. Verlängerung des Leasing-Vertrages oder Tausch gegen ein neues Robotermodell erleichtert den Entschluß für Automatisierungsinvestitionen.
8. Leasingobjekte sind bilanzneutral. Sie werden bereits vom Leasinggeber bilanziert.
9. Leasingraten können sofort als Betriebsausgaben abgesetzt werden.
10. Beim Mieter (Leasingnehmer) fallen für das Objekt keine investitionsbezogenen Steuern wie Gewerbe- und Vermögenssteuer an.

Tabelle 1.9: Gründe für das Roboterleasing /13/

## 1.4 Konkretisierung der bisherigen Ausführungen

Nach diesem mehr theoretischen Überblick, der allgemein auf die bei der Planung des menschengerechten Einsatzes von Industrierobotern zu berücksichtigenden Gesichtspunkte eingeht, folgen in den anschließenden Kapiteln 2-9 Einsatzbeispiele. Ausgehend von unterschiedlichen Randbedingungen werden Lösungsmöglichkeiten aufgezeigt, wie die Forderung nach menschengerechter Arbeit und technisch-wirtschaftlich realisierbarem Einsatz von Industrierobotern miteinander zu vereinbaren sind.

Die am Beginn dieses Kapitels in Tabelle 1.1 dargestellte Klassifizierung dient als Grundlage der folgenden Darstellungen. Typ 1 ist in Kapitel 2 beschrieben, Typ 2 in Kapitel 3 usw..

Die beschriebenen Beispiele stellen in der Regel keine realisierten Fälle dar. Sie wurden allerdings teilweise von realisierten Fällen abgeleitet und im Sinne stärkerer Berücksichtigung von Humanisierungsaspekten überarbeitet.

Andere Fälle stammen aus der Beratungspraxis des Beratungszentrums Industrieroboter. Ob sie zur Realisierung gelangten, ist zur Zeit der Fertigstellung dieses Berichtes nicht bekannt. Man muß leider feststellen, daß die menschengerechte Gestaltung der Arbeit beim Einsatz von Industrierobotern in der Praxis nicht in einem solchen Maße durchgeführt wird, daß jeder der folgenden Fälle auch in der Praxis zu besichtigen wäre. Daher beschränkt sich die Darstellung zwangsläufig auf den Planungszustand.

## 1.5 Literatur


/1/ Ulich, E.:
Arbeitswechsel und Aufgabenerweiterung,
REFA-Nachrichten 25 (1972) Nr. 4, S. 265-275.

/2/ Bell, H.; Heier, W.:
Schweißer richten Roboter ein,
TIBB 3/86, S. 58 ff.

/3/ AWF, Eschborn:
Flexible Fertigungsorganisation am Beispiel von Fertigungsinseln (Eigendruck AWF).

/4/ Nicolaisen, P.:
Arbeitssicherheit und Industrierobotereinsatz in :
R.D. Schraft u.a. "Industrierobotechnik",
Expert Verlag, Grafenau, 1984, S. 177-201.

/5/ Link, W.:
Gefahren und Sicherheitsmaßnahmen beim Betreiben von Industrierobotern, Vortragsmanuskript;
Süddeutsche Eisen- und Stahl-Berufsgenossenschaft,
Stuttgart.

/6/ VDI-Richtlinie 2853 (Gründruck Jan. 1986)
"Sicherheitstechnische Anforderungen an Handhabungsgeräten und Industrieroboter", VDI-Verlag GmbH
Düsseldorf.

/7/ Pfennig, H.:
Auswahl von Industrierobotern, wt-Z. f. ind. Fertigung,
12/1979, S. 788.

/8/ Heyde, W.; Pleschak, F.:
Wann sind Industrieroboter wirtschaftlich, io Management-Zeitschrift, 54/1985, S. 132-135.

/9/ Kraft, T.-H.:
Der Einsatz von Industrierobotern unter wirtschaftlichen und steuerlichen Aspekten, Fortschrittliche Betriebsführung und Industrial Engineering 2/1984, S. 66-70

/10/ BZI:
Planerschulung

/11/ Engelberger, I.F.:
Robots Make Economic and Social Sense,
aus Tanner, W.R. (Hrsg.): Industrial Robots (Fundamental),
Volume 1, First Edition, Dearborn 1979, S. 38

/12/ Brodbeck, B.; Schmidt-Streier, U.:
Neue Handhabungssysteme als technische Hilfe für den Arbeitsprozeß - Humanisierung des Arbeitslebens -
Forschungsbericht HA 80-029 (Bundesministerium für Forschung und Technologie),
Teil 2, Freiburg i.Br. 1980

/13/ Karl-Peter, D.:
Zukunftssicherung für den Mittelstand,
Roboter 2/1984, S. 58-60

# 2 TYP 1

## 2.0 Charakterisierung von Typ 1

Wie in Kapitel 1.1 bereits dargestellt, ist Typ 1 gekennzeichnet durch:

- kleine Losgröße,
- kleine Teilevielfalt und
- kleine Werkstückgröße.

Dieser Fertigungstyp setzt eine hohe Flexibilität bezüglich des Umrüstens voraus, während relativ selten neue Programme zu erstellen sind. Da häufiges Umrüsten ein ungünstiges Verhältnis zwischen Haupt- und Nebenzeiten zur Folge hat, sind Lösungen anzustreben, die besonders kurze Stillstandszeiten ermöglichen, d.h. eine hohe Umrüstflexibilität aufweisen. Das beschriebene Fallbeispiel stellt eine solche Lösung vor, die gleichzeitig die Entkopplung des Arbeitnehmers vom Maschinentakt bewirkt. Aus arbeitsorganisatorischer Sicht ist es sinnvoll, die Tätigkeiten im Arbeitssystem von einer Arbeitsgruppe ausführen zu lassen, weil dadurch die wechselnden Tätigkeitsanforderungen - z.B. gleichzeitiges Umrüsten und Einlegen/Entnehmen von Werkstükken - flexibel und ohne aufwendigen Steuerungsaufwand erfüllt werden können.

## 2.1 Allgemeines zur Firma

Es handelt sich um ein Maschinenbauunternehmen mit dem Schwerpunkt Fördertechnik. Die Produkte bestehen zum großen Teil aus standardisierten Einzelelementen, die je nach Kundenauftrag zu vollständigen Fördereinrichtungen (z.B. Transportbänder) zusammengestellt werden.

Es wird wegen der sehr unterschiedlichen Kundenwünsche nur nach Auftragseingang gefertigt, daher ist die Lagerhaltung für fertige Produkte sehr gering. Diese Art der Produktion stellt hohe Anforderungen an Flexibilität und Termintreue. Das mittelständische Unternehmen beschäftigt ca. 400 Arbeitnehmer, von denen ein großer Anteil Facharbeiterqualifikation besitzt.

Aus Rationalisierungsgründen ist der Einsatz eines Industrieroboters zum MIG/MAG-Schweißen im Bereich der "Kleinteilevorfertigung" vorgesehen. Aufgrund der Programmierbarkeit des Industrieroboters verspricht man sich eine hohe Flexibilität und schnelle Umrüstbarkeit bei niedrigen Produktionskosten. Gleichzeitig soll mit dem Einsatz eine Verringerung der schweißertypischen Belastungen (Schweißrauch, statische Haltearbeit, Einzelarbeit) erreicht werden. Um die Möglichkeiten der neuen Technologie zur Verbesserung der Arbeitsbedingungen zu nutzen, soll die Industrieroboter-Schweißzelle als Teil eines erweiterten Arbeitssystems installiert werden, das von einer Arbeitsgruppe mit erhöhter Eigenverantwortung betreut wird.

## 2.2 Ist-Fertigung

### 2.2.1 Beschreibung der Abteilung "Kleinteilevorfertigung"

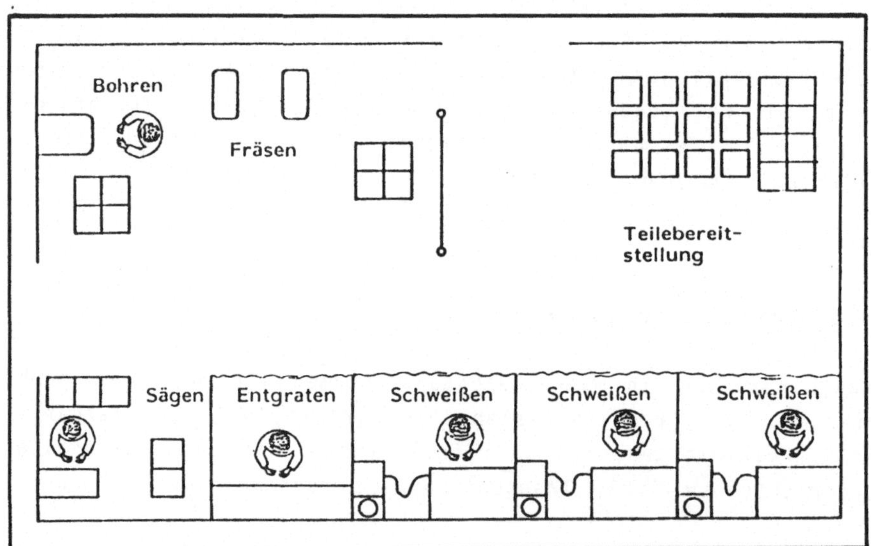


Bild 2.1: Layout der Istfertigung

Die Schweißerei ist gemeinsam mit dem Materialzuschnitt, dem Fräs- und Bohrarbeitsplatz und der Verputzerei in der Halle "Kleinteilevorfertigung" untergebracht. Die Abteilungen werden durch ca. 2 m hohe, feste Trennwände unterteilt. Der Materialtransport in der Halle erfolgt mittels Hubwagen in Gitterboxen. Aufgrund der beengten Platzverhältnisse in der Halle sind die Verkehrsflächen oft durch die Lagerung der Roh- und Fertigprodukte zugestellt. Bild 2.1 zeigt den Hallenplan.

### 2.2.2 Beschreibung des Fertigungsablaufs am Bauteil "Förderbandlagerbock"

Die Beschreibung des Fertigungsablaufs wird am Beispiel des Werkstücks Förderbandlagerbock Typ 1 dargestellt, da dieser Ablauf im wesentlichen identisch mit den anderen ist und somit als repräsentativ angesehen werden kann.

Das Bauteil besteht aus 9 Einzelteilen und dient bei Förderbändern als Distanz- und Lagerbock. Es kommt in 5 verschiedenen Typen vor. Die Jahresstückzahlen liegen bei ca. 4000 Stück pro Typ, wobei die Losgrößen (durchschnittlich 40 Stück) abhängig sind von den Auftragsvolumen bzw. von der Förderbandlänge.

Bild 2.2 zeigt den Lagerbock mit den Einzelteilen.

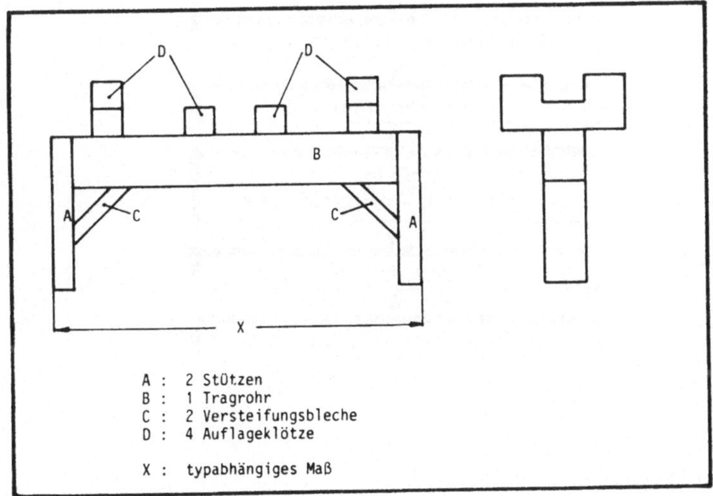


Bild 2.2: Lagerbock

Das folgende Blockschema (Bild 2.3) zeigt den Fertigungsablauf für den Lagerbock.

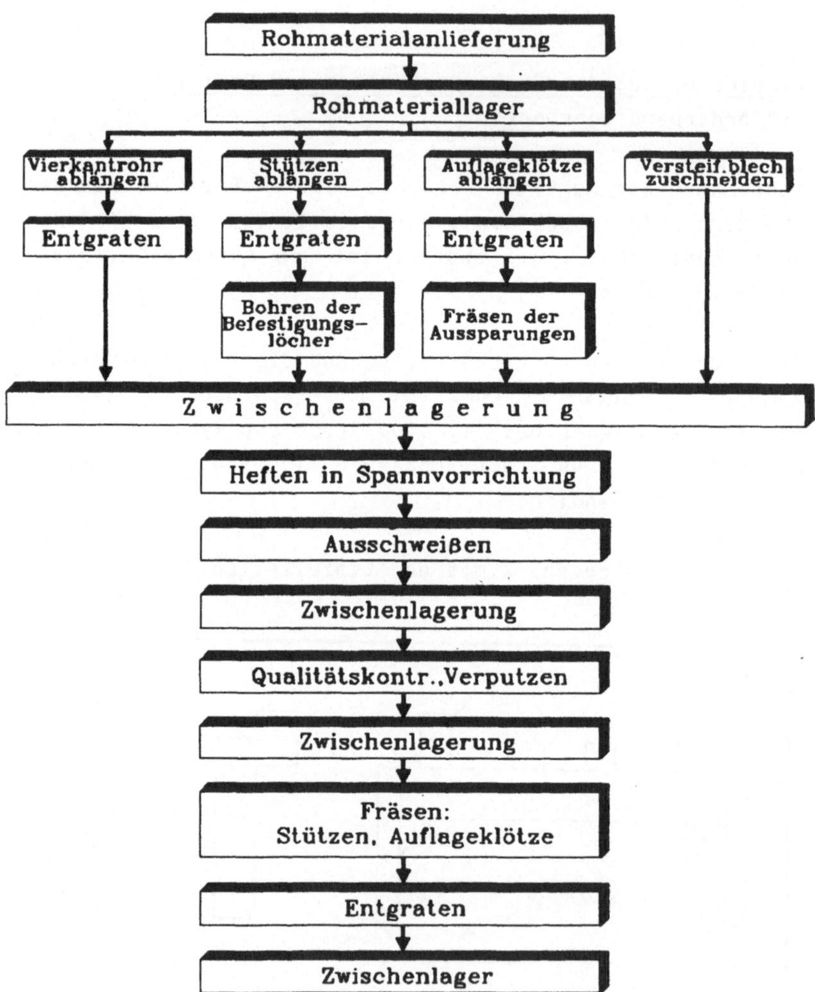


Bild 2.3: Fertigungsablauf "Lagerbock"

### 2.2.3 Arbeitsbedingungen

Das Geräuschniveau in der Halle ist durch die Verputzerei relativ hoch (z.T. über 90 dB (A)), so daß die übrigen Mitarbeiter in den vor- und nachgelagerten Bereichen ebenfalls dem hohen Lärmpegel ausgesetzt sind.

Die Halle hat keine Zwangsbelüftung bzw. -entlüftung und die einzelnen Schweißarbeitsplätze weisen keine separaten Schweißrauchabsaugungen auf. Dadurch entstehen zum Teil erhebliche Schweißrauchbelästigungen nicht nur unmittelbar für den Schweißer, sondern auch für die Mitarbeiter in den anderen Bereichen. Die Beleuchtung ist als Allgemeinbeleuchtung konzipiert, mit gewisser Konzentration auf die Arbeitsbereiche. Für die Arbeitsaufgaben sind die vorhandenen Lichtverhältnisse ausreichend.

Der flurbediente Hallenkran für den Transport der größeren Baugruppen wird von mehreren Arbeitsplätzen gemeinsam genutzt, wobei der Transport auch über andere Arbeitsbereiche hinweg erfolgt.

### 2.2.4 Arbeitsorganisation

Die Arbeit im System wird vorweigend in Einzelarbeit durchgeführt, Kooperation ist nur bei Transportarbeiten erforderlich. Unter den Mitarbeitern wird kein Arbeitsplatzwechsel durchgeführt und die Arbeitsplätze sind streng voneinander getrennt. Die Arbeitsinhalte der Mitarbeiter sind sehr eingeschränkt. Größere Entscheidungen bezüglich der Auftragsreihenfolge können die Mitarbeiter nicht fällen, da diese durch die Arbeitsvorbereitung festgelegt wird. Personaleinsatzsteuerung wird vom Meister, bzw. vom Vorarbeiter übernommen.

### 2.2.5 Gründe für eine Veränderung des Istzustands

Der Istzustand weist folgende Schwächen bzw. Mängel auf, die im Zuge der Rationalisierung mit einem Industrieroboter-Schweißsystem gemindert, wenn möglich beseitigt werden sollen:

1) Hohe körperliche Belastungen mit Zwangshaltung im Bereich der Schweißarbeitsplätze

2) Hohe Lärmbelastung
3) Starke UV-Strahlung beim Schweißen
4) Hohe Staub- und Rauchgasbelästigung
5) Beengte Platzverhältnisse
6) Unfallgefahren
   * verblitzte Augen
   * Brandverletzungen an den Händen
   * Fußverletzungen
7) Geringe Kooperations- und Kommunikationsmöglichkeiten (Einzelarbeit)
8) Niedrige Handlungs- und Dispositionsspielräume bei mittleren Qualifikationsanforderungen
9) Hohe Kapitalbindung durch zu große Zwischenlagerbestände
10) Qualitätsprobleme
11) Materialflußprobleme
12) Verrichtungsorientiert, dadurch lange Durchlaufzeiten, die häufig Terminschwierigkeiten verursachen.

## 2.3 Soll-Fertigung

### 2.3.1 Layout und Arbeitsablauf

Das Arbeitssystem soll sich, wie eingangs erwähnt, nicht nur auf den engen Bereich des Industrieroboters, sondern auch auf die vor- und nachgelagerte Fertigung beziehen.

Bild 2.4 zeigt, wie der Fertigungsbereich neu gestaltet wird.

Es werden mehrere, bisher getrennte Fertigungsstationen zu einem Arbeitssystem zusammengefaßt. Dazu gehören die Roboter-Schweißkabine, der Anreißplatz, eine Bohr- und eine Fräsmaschine sowie eine Putzkabine zum Entgraten der Sägeschnitte und Verputzen der Schweißnähte. Das Arbeitssytem bildet eine Fertigungsinsel. Der Arbeitsablauf besteht aus folgenden Schritten:

1. Zuschnitt auf der halbautomatischen Säge mit programmierbaren Anschlägen,
2. Zwischenlagerung,
3. Entgraten des Sägeschnittes in der Putzkabine und Weitergabe zur mechanischen Bearbeitung,

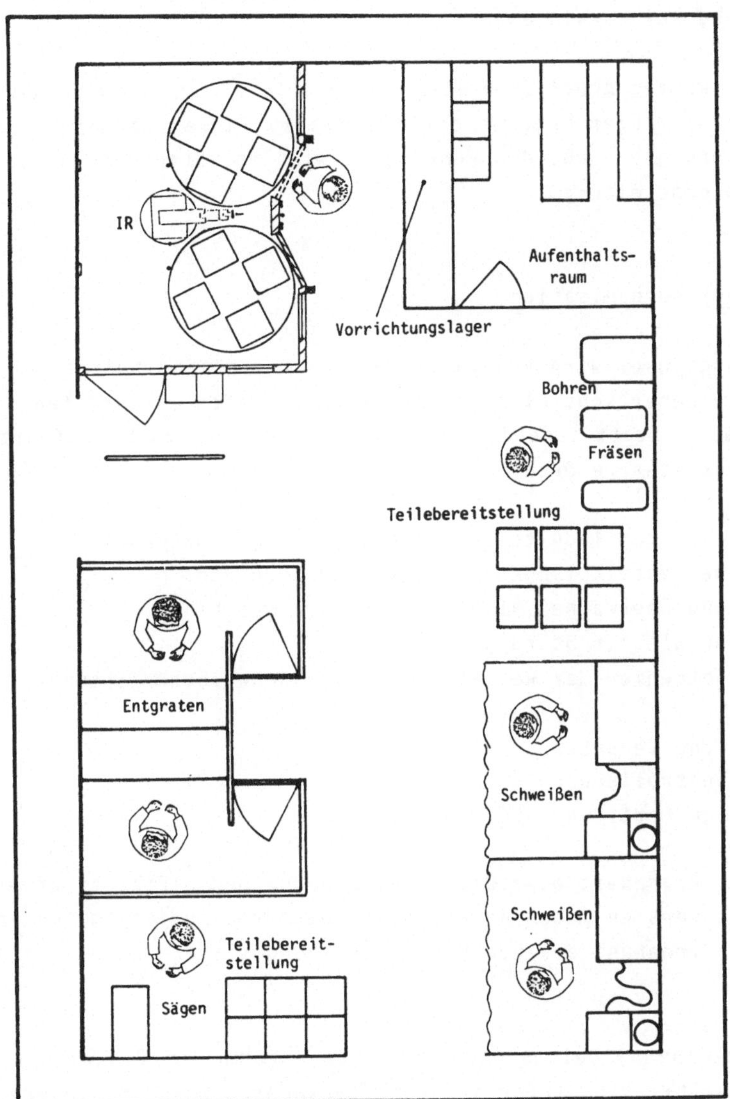


Bild 2.4: Layout der Sollfertigung

4. Anreißen der Bohrungen, Bohren, Aussparungen fräsen,
5. Schutzgasschweißen mit Industrieroboter,
6. Qualitätskontrolle,
7. Verputzen der Schweißnähte,

8. Überfräsen einer Schweißnaht,
9. Weitergabe zur Lackiererei.

Bis auf den ersten Arbeitsschritt werden alle Tätigkeiten in der Fertigungsinsel durchgeführt. Es entfallen also lange Transportwege und Zwischenlagerungen. Außerdem verringert sich der Steuerungsaufwand für die Arbeitsvorbereitung.

### 2.3.2 Arbeitsorganisation

Die Fertigungsinsel wird von einer Gruppe aus fünf Arbeitnehmern betreut. Jeder beherrscht alle im System anfallenden Tätigkeiten, die er bei regelmäßig stattfindendem Arbeitsplatzwechsel auch ausführt. Zu diesen Tätigkeiten gehören:

- Programmieren des Industrieroboters und Programmwechsel,
- Umrüsten der Vorrichtungen, Testlauf durchführen,
- Bedienen und Überwachen aller vorhandenen Maschinen,
- Beseitigung kleiner Störungen,
- Einlegen/Entnehmen der Werkstücke in/aus Schweißvorrichtungen,
- Anreißen,
- Entgraten und Verputzen,
- Qualitätskontrolle und
- Kurzfristige Fertigungssteuerung.

Ausfälle bei Krankheit oder Urlaub können durch die Einsetzbarkeit jedes Arbeitnehmers an jedem Arbeitsplatz besser aufgefangen werden als bei strenger Trennung der einzelnen Fertigungsstationen und Tätigkeiten.

Für den einzelnen Arbeitnehmer führt diese Form der Organisation zu erhöhten Qualifikationsanforderungen, geringerer Monotonie, verringerter sozialer Isolation und zu abwechslungsreicherer Tätigkeit. Eine Erhöhung des Entscheidungsspielraumes ergibt sich vor allem durch Ausweitung von Tätigkeiten der kurzfristigen Fertigungssteuerung. Dazu gehören:

- Auftragsreihenfolge festlegen; dazu ist enge Zusammenarbeit mit der Arbeitsvorbereitung erforderlich, damit Informationen rechtzeitig weitergegeben werden,

- Material transportieren und bereitstellen,
- Fertigungsfortschritt und Termine überwachen,
- Auftragsweitergabe sichern und
- Fehlbestand ermitteln.

Die Arbeitsvorbereitung gibt Auftragspakete von mehreren Tagen Umfang an die Gruppe weiter, deren Abarbeitung diese selbständig regelt. Dazu legt die Gruppe die Auftragsreihenfolge soweit wie möglich in eigener Entscheidung fest. Gerade bei den Anforderungen hoher Flexibilität ist es sinnvoll, soviel Eigenverantwortung und Kenntnisse wie möglich an den Arbeitsplatz zu verlagern. Dadurch werden in der Regel schnelle und angepaßte Reaktionen auf Änderungen oder Störungen gewährleistet. Für die Arbeitnehmer hat eine solche Regelung höherwertige Arbeitsplätze zur Folge, weil die Arbeit inhaltsreicher wird und mehr Entscheidungen erforderlich sind. Voraussetzung für diese Art der Arbeitsorganisation ist eine gründliche Schulung der Arbeitnehmer. Dazu gehört vor allem die ausreichende Kenntnis des Industrieroboters, d.h. also Grundkenntnisse über Steuerung und Programmierung. Weiterhin ist aber auch eine betriebsinterne Unterweisung über Fertigungsabläufe in vor- und nachgeordneten Abteilungen erforderlich, um die Einbettung der eigenen Arbeit in die Arbeitsabläufe anderer Abteilungen zu kennen und zu verstehen. Dadurch können die Anforderungen anderer Abteilungen besser mit der eigenen Arbeit in Übereinstimmung gebracht werden.

### 2.3.3 Arbeitsbedingungen

#### Entkopplung

Die Entkopplung vom Maschinentakt des Industrieroboters wird durch zwei Drehtische mit jeweils vier Vorrichtungen erreicht. Dadurch besteht in einem gewissen zeitlichen Rahmen die Möglichkeit, die Arbeitsgeschwindigkeit beim Einlegen und Entnehmen von Teilen zu variieren. Zudem bietet diese Anordnung die Möglichkeit, den Industrieroboter beim Umrüsten eines Drehtisches am anderen Drehtisch weiter fertigen zu lassen. Da der Typ 1 durch häufiges Umrüsten gekennzeichnet ist, kommt diesem Vorteil wegen der Verkürzung der Stillstandzeiten besondere Bedeutung zu. Gleichzeitiges Einlegen und Umrüsten wird durch die flexible Arbeitsteilung innerhalb der Arbeitsgruppe gewährleistet. Eine qualifizierte Arbeitsgruppe, die Spielraum in der Festlegung ihrer Arbeitsabläufe besitzt, wird im allgemeinen eine hohe

Verfügbarkeit des Systems, hohe Produktgüte und schnelle Reaktion auf Änderungen gewährleisten. Erst auf diese Weise kann die im Industrieroboter vorhandene Flexibilität richtig genutzt werden.

Lärm

Der bisher durch die Verputzerei verursachte Lärmpegel wird durch die Aufstellung einer Putzkabine verringert. In dieser Kabine findet an zwei Arbeitstischen das Entgraten der Sägeschnitte statt. Die Anordnung von Wänden und Arbeitstischen ist so gestaltet, daß wenig Lärm nach außen dringen kann.

Die Arbeiter innerhalb der Kabine müssen mit persönlichen Lärmschutzmaßnahmen ausgerüstet sein. Da innerhalb des Arbeitssystems Arbeitsplatzwechsel durchgeführt wird, verteilt sich diese Belastung auf mehrere Personen.

Zur Reinigung der Luft von schwebenden Staubteilchen wird die Kabine mit einer Absaugeinrichtung und Luftfiltern ausgestattet.

Schweißrauchabsaugung

Die Schweißzelle, in der sich der Industrieroboter und zwei Drehtische befinden, ist ebenfalls mit Absaugvorrichtungen versehen, die sich jeweils über den Drehtischen befinden. Es kann mit höheren Luftgeschwindigkeiten gearbeitet werden als an Handarbeitsplätzen, da sich keine Person im Bereich der Zugluft befindet.

### 2.3.4 Vorteile der Fertigungsinsel für Durchlaufzeiten und Lagerhaltung

Der bisherige Fertigungsablauf ist nach dem Prinzip Werkstattfertigung aufgebaut (siehe Bild 2.1). Es sind jeweils gleichartige Maschinen in einzelnen Werkstätten zusammengefaßt, und die Werkstücke müssen unter Umständen lange Wege zurücklegen, um alle erforderlichen Bearbeitungsgänge zu durchlaufen. Da immer gleichzeitig eine größere Anzahl von Aufträgen durch das Gesamtsystem geschleust werden muß, entstehen bei Störungen und Änderungen im geplanten Ablauf oft Warteschlangen vor den Bearbeitungsstationen. Durch Zwischenpuffer wird gewährleiset, daß nicht gleichzeitig an anderen Stationen Leerlauf vorhanden ist. Diese

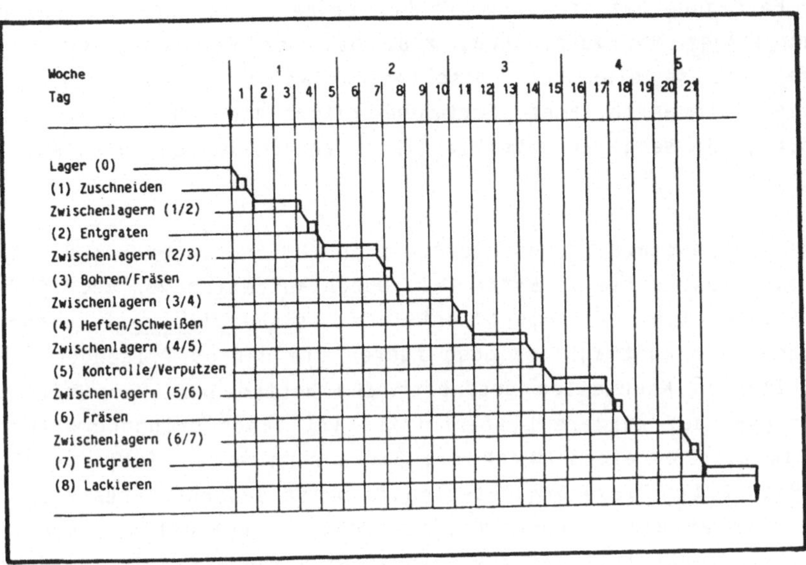


Bild 2.5: Prinzip Werkstattfertigung: Durchlaufzeiten

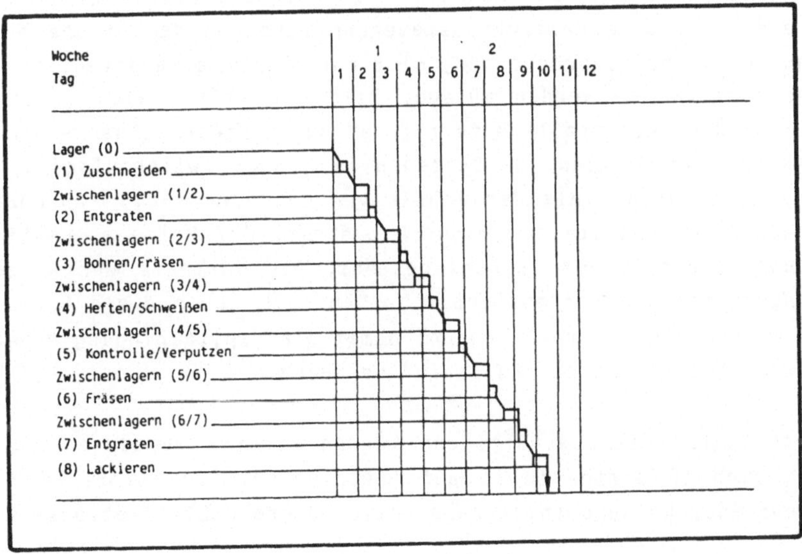


Bild 2.6: Prinzip Fertigungsinsel: Durchlaufzeiten

Art der Fertigung hat sich bewährt bei großen Losgrößen und der Möglichkeit langer Vorlaufplanung, z.B. bei der Fertigung auf Lager. Außerdem wird so eine hohe Maschinenauslastung gewährleistet. Die Nachteile bestehen in langen Fertigungszeiten und hoher Kapitalbindung durch die große Menge an unfertigen Werkstücken in den Zwischenlagern.

Bei einer durchschnittlichen Liegezeit im Zwischenlager von 2,5 Tagen können auf diese Weise im Extremfall Durchlaufzeiten von ca. 20 Tagen in der "Kleinteilevorfertigung" entstehen (siehe Bild 2.5). Unter den Bedingungen der Auftragsfertigung führen die daraus folgenden langen Lieferzeiten zu Nachteilen gegenüber dem Wettbewerb. Die Umstellung der Fertigung auf kürzere Lieferfristen ist daher dringend erforderlich. Das wird erreicht durch die Einführung einer Fertigungsinsel (siehe Bild 2.4). Diese Organisationsform ist dadurch gekennzeichnet, daß sie sich an dem zu fertigenden Produkt orientiert und möglichst viele Bearbeitungsstationen zusammengefaßt werden. Ein Fertigungsauftrag durchläuft dieses System ohne lange Zwischenlagerung. Sobald die Bearbeitung an einer Station beendet ist, wird das Teil zur nächsten Station gebracht und sofort weiterbearbeitet. Erst wenn ein Auftrag insgesamt abgearbeitet ist, kann der Nächste folgen. Die dazu erforderliche kurzfristige Fertigungssteuerung wird von der Gruppe selbst erledigt; die Arbeitsvorbereitung gibt nur grobe Rahmendaten, die allerdings eingehalten werden müssen. Bild 2.6 zeigt, wie die Durchlaufzeit in der "Kleinteilevorfertigung" durch diese Maßnahme erheblich gesenkt werden kann. Es bestehen zwar noch Zwischenlager, aber sie sind nicht größer als der Inhalt von ein oder zwei Transportkisten. Letztlich sind sie nur dadurch bedingt, daß keine automatische Verkettung innerhalb des Systems besteht. Die Vorteile der kürzeren Fertigungszeiten sind offensichtlich. Daß sich durch diese Organisationsform auch die Lagerhaltung und damit die Kapitalbindung erheblich verringern läßt, liegt ebenfalls auf der Hand.

Die Vorteile für die Beschäftigten wurden bereits angesprochen. Sie beziehen sich in erster Linie auf Gruppenarbeit, vergrößerte Handlungs- und Entscheidungsspielräume sowie höhere Qualifikationsanforderungen.

### 2.3.5 Technische Beschreibung des Systems

#### 2.3.5.1 Industrieroboter

Auf Basis der Werkstückanalyse und der zu bewältigenden Schweißaufgaben soll ein sechsachsiger Industrieroboter in Vertikalgelenkbauweise zum MIG/MAG-Schweißen stehend installiert werden. Die Programmierung erfolgt mittels eines Handprogrammiergerätes, eines Datensichtgerätes und einer alphanumerischen Tastatur. Nach dem "Anfahren und Speichern" werden die Bahn- und Raumpunkte programmiert. Die verknüpfenden Kommandos werden in einer speziellen Programmiersprache eingegeben. Während des Schweißvorganges können die Schweißparameter vom Handprogrammiergerät aus optimiert werden. Aufgrund der durch die neue Metallkreissäge und der exakten Spannvorrichtungen erreichten Genauigkeiten der Werkstücke ist ein Nahtsuchsystem nicht erforderlich. Die Archivierung der Programme erfolgt auf Minidatenkassetten, wobei für jede Spannvorrichtung (Werkstück) eine Kassette verwendet wird.

#### 2.3.5.2 Positionierer

Neben dem Industrieroboter werden entsprechend dem Werkstückspektrum zwei Drehtische installiert. Die Planscheibendrehung erfolgt elektropneumatisch mit einer Teilung von 4 x $90^{o}$. Die Arretierung erfolgt mittels Absteckbolzen, so daß eine gute Wiederholgenauigkeit gewährleistet ist. Um kurze Wege zwischen den beiden Einlegstationen für den Bediener bzw. kurze Verfahrwege für den Industrieroboter zu erreichen, sollen die Drehtische in einem Winkel von $120^{o}$ zum Industrieroboter angeordnet werden.

Durch die Anordnung zweier Werkstückpositionierer wird erreicht, daß während des automatischen Schweißens an einem Positionierer die geschweißten Werkstücke am zweiten manuell entnommen und neue aufgespannt werden können. Desweiteren kann ein Positionierer umgerüstet werden, während am anderen Positionierer geschweißt bzw. ein-/ausgelegt wird.

2.3.5.3 Schweißausrüstung

Bei der Auswahl der Schweißstromquelle wurden folgende Kriterien zugrunde gelegt:

- Einschaltdauer (100% ED bei 300 A),
- Freie Programmierbarkeit, d.h. stufenlose Regelung von Spannung und Strom,
- Sichere Zündeigenschaften,
- Regelbare Rückbranddauer,
- Regelbare Gasnachströmzeit,
- Netzspannungskompensiertes MIG/MAG-Schweißgerät,
- Zentralanschluß und Kupplung für das Schlauchpaket,
- Wassergekühlter Brenner und
- Automatische mechanisch-pneumatische Schweißpistolenreinigung.

2.3.5.4 Vorrichtungslager

Für die Lagerung der Spannvorrichtungen ist ein Palettenregal vorgesehen mit einer Gesamthöhe von 4,5 m und insgesamt sechs Regalböden. Die Ein- und Auslagerung der auf Paletten gelagerten Spannvorrichtung erfolgt mittels eines Regalbediengerätes.

2.3.5.5 Spannvorrichtungen

Die acht Spannvorrichtungen je Werkstücktyp sind auf Standardgrundplatten aufgebaut, die eine schnelle Umrüstzeit mittels Fixierbolzen auf dem Drehtisch garantieren. Um die richtige Zuordnung IR-Programm - Spannvorrichtung zu gewährleisten, ist jede Vorrichtung mit einer Bolzenkodierung versehen, die vor jedem Schweißvorgang abgelesen und mit dem eingelesenen Programm verglichen wird.

2.3.5.6 Schweißrauchabsaugung

Zentral über den zwei Schweißarbeitsplätzen des Industrieroboters ist eine Schweißrauchabsaugung installiert. Diese Anordnung garantiert, daß keine Schweißrauchbelästigungen für den Mitarbeiter entstehen.

## 2.3.6 Arbeitssicherheit

Das geplante Arbeitssystem weist mögliche Gefährdungen für den Menschen vor allem hinsichtlich folgender Systemelemente bzw. Tätigkeiten auf:

- Bohrmaschine,
- Fräsmaschine,
- angetriebene Werkzeuge zum Verputzen und Entgraten
- Transport und
- Roboterschweißsystem.

Da mit dem Einsatz von Industrierobotern spezielle neue Gefahren entstehen, die häufig nicht ausreichend beachtet werden, wird das Roboterschweißsystem in den Mittelpunkt der folgenden Ausführungen gestellt. Für die anderen Systemelemente gibt es ausführliche und erprobte Sicherheitsregeln, die hier nicht weiter dargestellt werden müssen.

In Kapitel 1.2.7 wurden bereits die mit dem Robotereinsatz verbundenen allgemeinen Gefährdungsmöglichkeiten genannt. Bezogen auf das betrachtete Robotersystem werden im folgenden die konkreten Gefahrenpunkte und Maßnahmen zur Arbeitssicherheit für die unterschiedlichen Tätigkeiten dargestellt. Dabei wird unterschieden nach Einlegen/Entnehmen, Programmieren/Einrichten und Störungsbeseitigung/Instandhaltung. Bild 2.7 zeigt die Sicherheitseinrichtungen im Roboterschweißsystem.

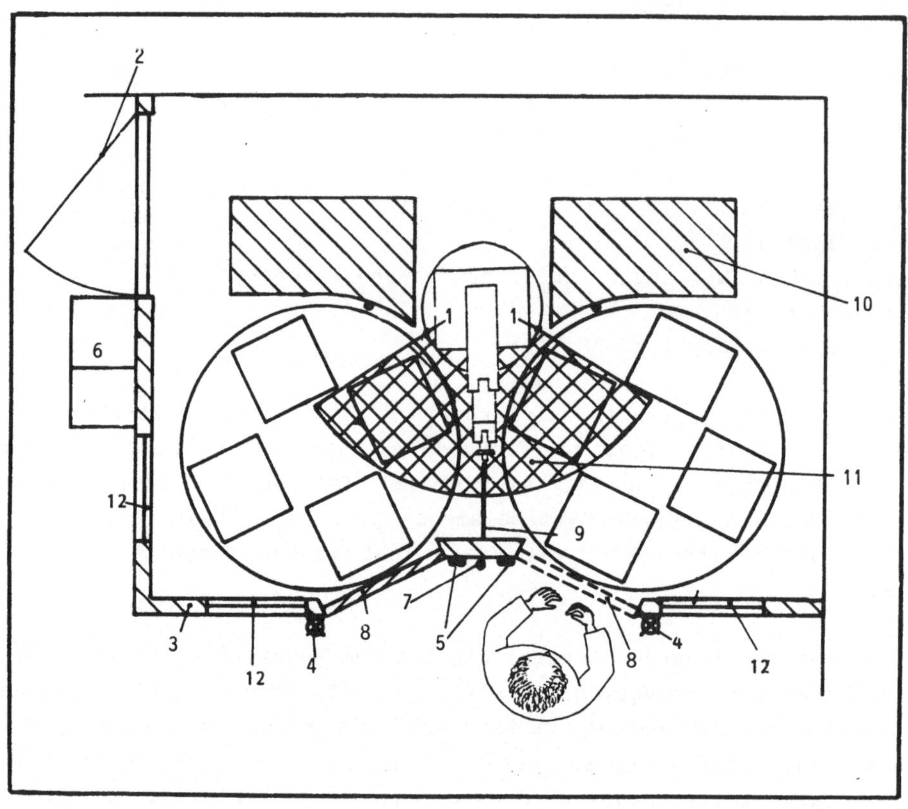


Legende:

1 Arbeitsraumbegrenzung für Industrieroboter
2 abgesicherter Zugang
3 Kabine
4 Betriebssignallampe
5 Zweihandschalter
6 Steuerung
7 Not-Aus-Schalter
8 Hubtür
9 Trennwand
10 Programmierplatz
11 IR-Arbeitsraum
12 getöntes Sichtfenster

Bild 2.7: Sicherheitseinrichtungen des Industrieroboter-Systems

### 2.3.6.1 Einlegen/Entnehmen von Werkstücken (Automatikbetrieb)

Bei dieser Tätigkeit können prinzipiell Gefahren entstehen, wenn

- Mensch und Industrieroboter in ihren Arbeitsbereichen nicht voneinander getrennt sind;
- der Drehtisch während des Einlegens/Entnehmens schwenkt;
- durch den Schweißprozeß ein Verblitzen der Augen möglich ist;
- Schweißrauch nicht abgesaugt wird.

Die Maßnahmen zur Vermeidung dieser Gefahren sind aus Bild 2.7 ersichtlich.

Industrieroboter und Drehtische sind durch eine Kabine (3) von der Umgebung abgetrennt. Die Zugangstür (2) zum Schweißsystem ist durch Endschalter gesichert, so daß beim Öffnen die gesamte Anlage stillgesetzt wird. Zusätzlich befindet sich die Tür in einem Bereich, der vom Industrieroboter nicht erreicht werden kann. Zur Beobachtung des Schweißvorgangs befinden sich Sichtfenster (12) mit abgedunkelten Scheiben in der Kabine. Das Einlegen/Entnehmen der Werkstücke geschieht durch Öffnungen, die durch Hubtüren (8) gesichert sind. Die Hubtüren werden durch ortsbindende Zweihandschalter (5) geschlossen. Sobald die Tür geschlossen ist, wird der Drehtisch für den Industrieroboter freigegeben. Bei geöffnetem Einlegefenster ist der betreffende Drehtisch für den Industrieroboter gesperrt. Zwischen den Einlegefenstern ist ein Not-Aus-Schalter (7) angebracht, um ein schnelles Abschalten im Gefahrenfall zu gewährleisten. Nach Beendigung des Arbeitstaktes öffnet die Tür automatisch. Bei gleichzeitigem Einlegen/Entnehmen an einem Tisch und Schweißen am anderen Tisch wird eine mögliche Blendung durch den Blendschutz (9) zwischen den Drehtischen verhindert. Der Schutz des Menschen vor Schweißrauch und -gasen wird durch Absaughauben über den Drehtischen gewährleistet.

### 2.3.6.2 Programmieren/Einrichten

Da sich der Mensch bei den heute üblichen Programmierverfahren in unmittelbarer Nähe des Industrieroboters aufhalten muß, ist die Gefährdung erheblich größer als im Automatikbetrieb. Unfälle können in erster Linie durch Kollisionen und Quetschungen entstehen, daher kommt es darauf an, solche Gefahrenstellen auszuschalten. Neben den geräteseitigen Sicherheitsvorkehrungen wie Schleichgang, Tippbetrieb u.a. gibt es noch einige weitere Schutzmöglichkeiten.

Um Quetschgefahren des Programmierers durch Programmstörungen oder Fehlbedienung zu verhindern, wird der Bewegungsraum des Industrieroboters durch verstellbare mechanische Anschläge begrenzt (siehe Bild 2.7, Punkt (1)). Zusätzlich wird ein sicherer Programmierplatz auf dem Kabinenboden markiert, der außerhalb der Reichweite des Industrieroboters liegt, aber das genaue Beobachten des Programmiervorganges aus der Nähe ermöglicht (10). Zur Vermeidung von Scherstellen an den Drehtischen werden Abdeckungen angebracht.

Schweißstromquelle und Steuerschrank des Industrieroboters befinden sich außerhalb der Schweißkabine, dadurch muß zum Programmwechsel die Kabine nicht betreten werden. Vom Steuerschrank aus ist eine Beobachtung des Gesamtsystems möglich.

Wenn nach der Programmerstellung oder nach Programmkorrekturen Testläufe erforderlich sind, bei denen der Programmierer aus unmittelbarer Nähe den Schweißvorgang beobachten muß, hat eine zweite Person anwesend zu sein, die die Gesamtsituation beobachtet und gegebenenfalls die Anlage stillegt. Das ist erforderlich, weil bei der Beobachtung des Lichtbogens durch den Schutzschild das Wahrnehmungsfeld stark eingegrenzt ist.
Schließlich hat es sich noch als sinnvoll erwiesen, für das Programmierhandgerät (PHG) eine vom Programmierplatz leicht erreichbare Aufhängevorrichtung anzubringen, damit es nach dem Ablegen nicht zu ungewollten Bewegungen des Industrieroboters durch zufälliges Berühren der Tasten kommt.

Das Einrichten oder Umrüsten der Drehtische kann von außerhalb der Kabine bei geöffneter Hubtür erfolgen. Eine Überdeckung der Arbeitsbereiche von Mensch und Industrieroboter ist wegen der räumlichen Anordnung ausgeschlossen.
Durch die in Bild 2.7 gezeigte Anordnung von Drehtischen, Industrieroboter und Öffnungen zum Einlegen/Entnehmen bzw. Umrüsten ist es möglich, an einem Drehtisch umzurüsten, während am anderen im Automatikbetrieb geschweißt wird. Dadurch werden die Stillstandszeiten des Industrieroboters gering gehalten, obwohl häufiges Umrüsten der Drehtische erforderlich ist.

#### 2.3.6.3 Störungsbeseitigung, Instandhaltung

Bei der Störungsbeseitigung können besondere Gefahren dadurch auftreten, daß zur Fehlersuche Sicherheitseinrichtungen überbrückt werden müssen. Es muß genau festgelegt sein, welches Personal dazu autorisiert ist. Dieses Personal muß über die vorhandenen Gefahren unterrichtet sein und sollte einer regelmäßigen Sicherheitsbelehrung unterzogen werden. Ebenso wie beim Programmieren gilt auch für die Störungsbeseitigung, daß ein sicherer Standplatz in der Kabine vorhanden sein muß, der einen guten Gesamtüberblick bietet.
Die Eingangstür zur Kabine befindet sich - wie bereits erwähnt - in einem Bereich außerhalb der Reichweite des Industrieroboters.

Bei kleineren Störungen, z.B. im Materialfluß, hat es sich als wichtig erwiesen, daß nach der Störungsbeseitigung der Anlauf des Systems nur auf Befehl des Bedieners stattfinden kann. Andernfalls kann der Bewegungsvorgang nach der Auslösung eines Eingangssignals (z.B. Werkstück liegt richtig in der Vorrichtung) in Gang gesetzt werden, während sich noch Personal im Arbeitsraum des Industrieroboters befindet. Dieser Gesichtspunkt muß bei der Verkettung der einzelnen Geräte des Robotersystems bereits in der Planungs- und Realisierungsphase berücksichtigt werden.

# 3 TYP 2

## 3.0 Charakterisierung von Typ 2

Hinsichtlich Losgröße und Teilevielfalt herrschen die gleichen Bedingungen wie bei Typ 1. Die Unterscheidung besteht darin, daß Typ 2 größere Werkstückabmessungen aufweist. Es bestehen hohe Anforderungen bezüglich der Umrüstflexibilität. Für größe Werkstücke ergeben sich in der Regel höhere Vorrichtungskosten als für kleine. Man wird also bestrebt sein, die Zahl der Vorrichtungen klein zu halten. Da für eine Entkopplung des Arbeiters vom Maschinentakt immer mehrere Werkstückträger erforderlich sind, können sich hier Widersprüche in den Anforderungen ergeben. Um beiden Zielen gerecht zu werden, kann ein kostengünstiger modulartiger Aufbau der Vorrichtungen gewählt werden, die schnell umrüstbar und kostengünstig in der Herstellung sind.

In Fallbeispiel zum Typ 2 wird gezeigt, daß auch für größere Werkstükke die Entkopplung vom Maschinentakt mit einer größeren Zahl von Vorrichtungen möglich ist. Es handelt sich dabei um den Einsatz eines Industrieroboters zum Punktschweißen.

## 3.1 Allgemeines zur Firma

Eine kleinere Firma mit ca. 150 Arbeitnehmern stellt als Zulieferer Gehäuse aus Stahlblech her. Es handelt sich um einen ständigen Auftrag einer größeren Elektrofirma. Von dem Gehäuse gibt es drei verschiedene Typen, die jeweils in mehreren Varianten hergestellt werden.

Für die Fertigung der verschiedenen Typen und Varianten ist eine langfristige Produktionsplanung nicht möglich, denn der Abruf durch den Auftraggeber erfolgt in nicht regelmäßiger Reihenfolge mit jeweils kleinen Stückzahlen. Da die Gehäuse eine Größe von ca. 700x500x300 mm haben, handelt es sich um relativ große, sperrige Werkstücke.

Damit sind die Randbedingungen des Typ 2 gegeben, nämlich kleine Teilevielfalt und kleine Losgröße bei großen Werkstückabmessungen.

## 3.2 Ist-Fertigung

Die Stahlblechgehäusefertigung ist weitgehend in einer Halle untergebracht. Nur die Roh- und Fertigteilelager und die Lackiererei mit vorgelagerter Entfettungsstation befinden sich außerhalb der Fertigungshalle.

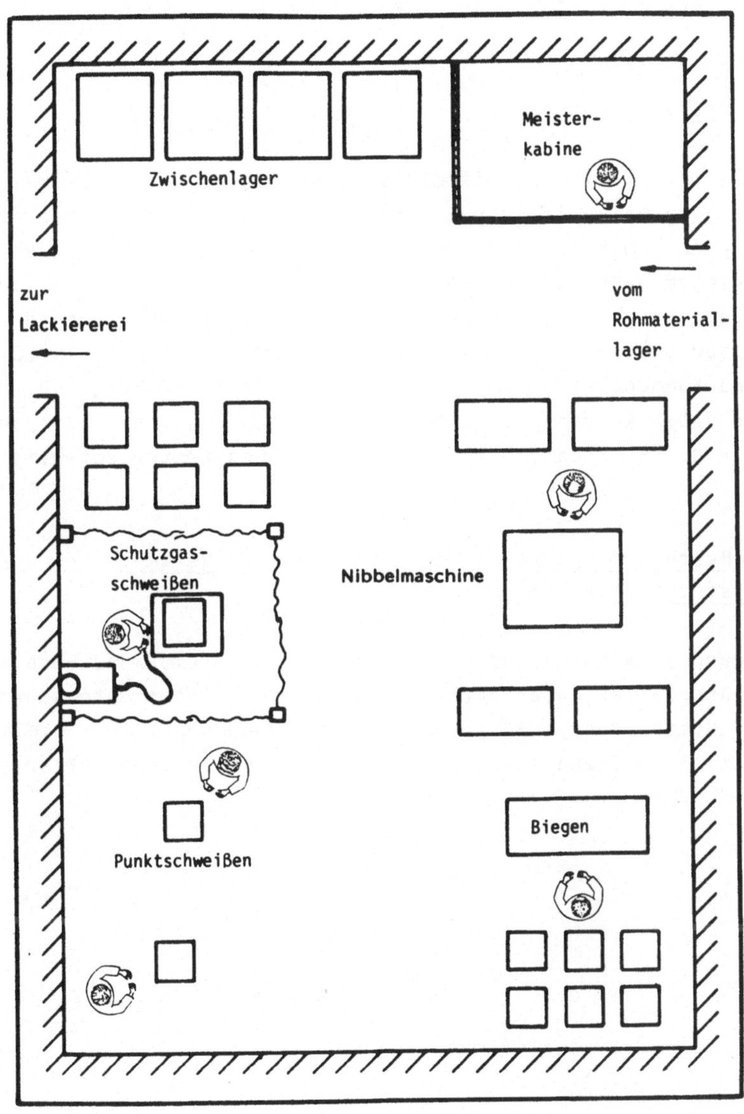


Bild 3.1: Hallenplan

Der Materialtransport erfolgt vom Rohteilelager in die Halle mittels Gabelstapler und zwischen den einzelnen Arbeitsplätzen in der Halle durch Palettenhubwagen.

Durch die zum Teil sehr kleinen Losgrößen und aufgrund unregelmäßiger Durchlaufzeiten ergeben sich oft größere Materialzwischenlager, die z.T. die Verkehrsflächen zustellen.

### 3.2.1 Arbeitsbedingungen

Durch die Integration der lärmintensiven Stanz- und Nibbelmaschine in die Fertigungshalle ist der Geräuschpegel relativ hoch. Schweißrauchprobleme aufgrund des Schutzgasschweißarbeitsplatzes treten nur in sehr geringem Maße auf, da bereits eine Absauganlage installiert ist. Im Fertigungsssystem ist eine strenge Arbeitsteilung vorhanden. Jeder Mitarbeiter bedient nur eine Maschine. Aufgrund des hohen Lärmpegels ist keine Kommunikation zwischen den Arbeitsplätzen möglich. Die Mitarbeiter haben keinen Entscheidungsspielraum bzgl. der Auftragsreihenfolge, da diese durch die Arbeitsvorbereitung festgelegt wird.

### 3.2.2 Beschreibung des Fertigungsablaufs am Werkstück "Stahlblechgehäuse"

Wie eingangs erwähnt, werden von dem Gehäuse drei Grundtypen in jeweils mehreren Varianten hergestellt. Die Varianten unterscheiden sich in den Schottblechen, während das äußere Gehäuse gleich bleibt. Bild 3.2 zeigt einen Grundgehäusetyp mit den verschiedenen Varianten.

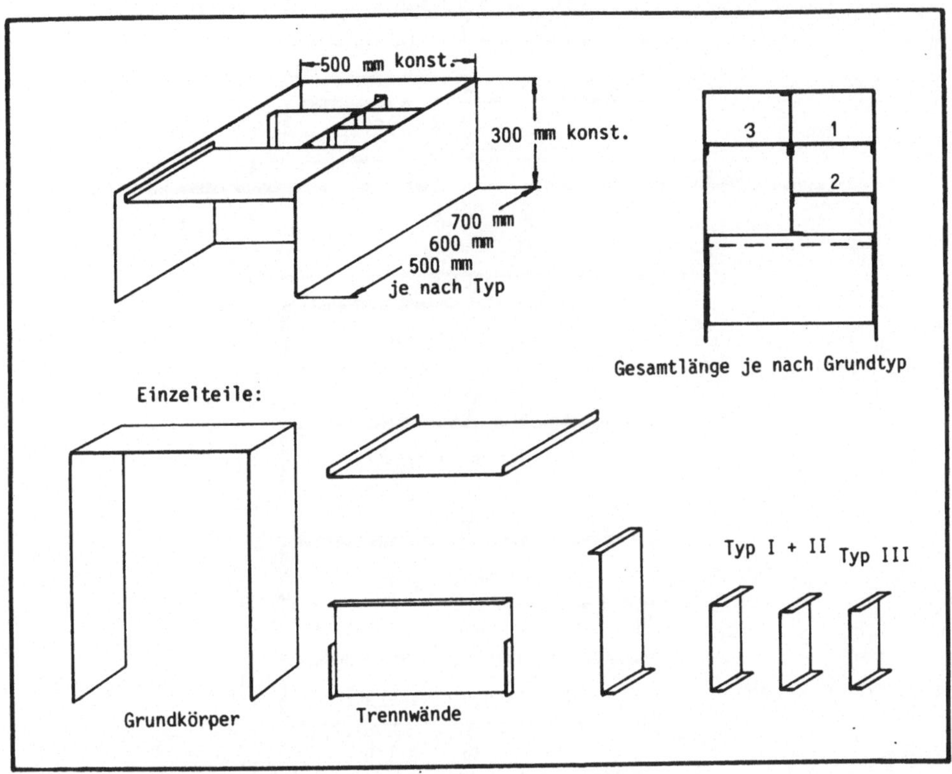


Bild 3.2: Grundtyp mit Varianten

Für die Herstellung der Gehäuse müssen folgende Stationen durchlaufen werden (vgl. Bild 3.3)

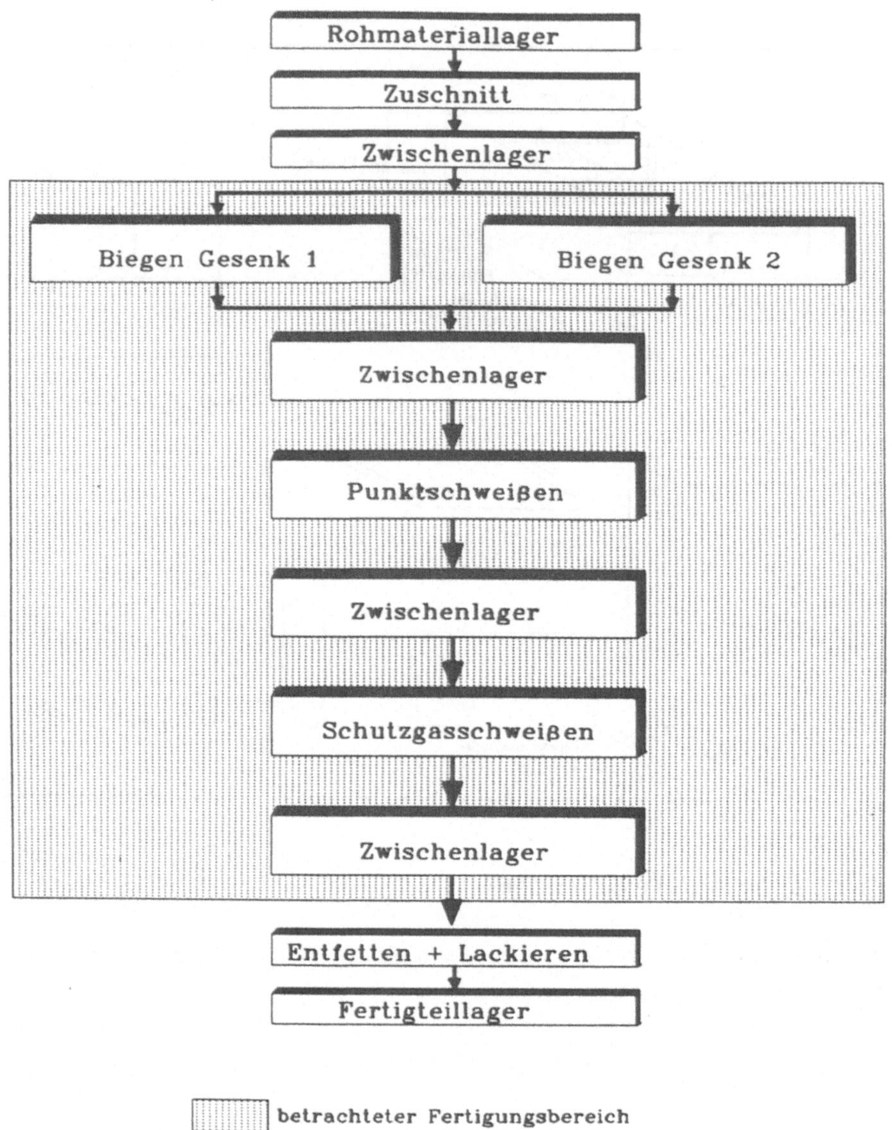


Bild 3.3: Fertigungsablauf "Stahlblechgehäuse"

## 3.3 Soll-Fertigung

Im Bereich des Punktschweißens ist der Einsatz eines Industrieroboters vorgesehen, durch den sowohl die Wirtschaftlichkeit als auch die Arbeitsbedingungen verbessert werden sollen. In erster Linie sollen die körperlichen Belastungen bei der Handhabung der Punktschweißzange beseitigt werden, doch es ist bei entsprechender Ausweitung der Grenzen des betrachteten Arbeitssystems auch möglich, noch weitere Arbeitsplätze zu verbessern.

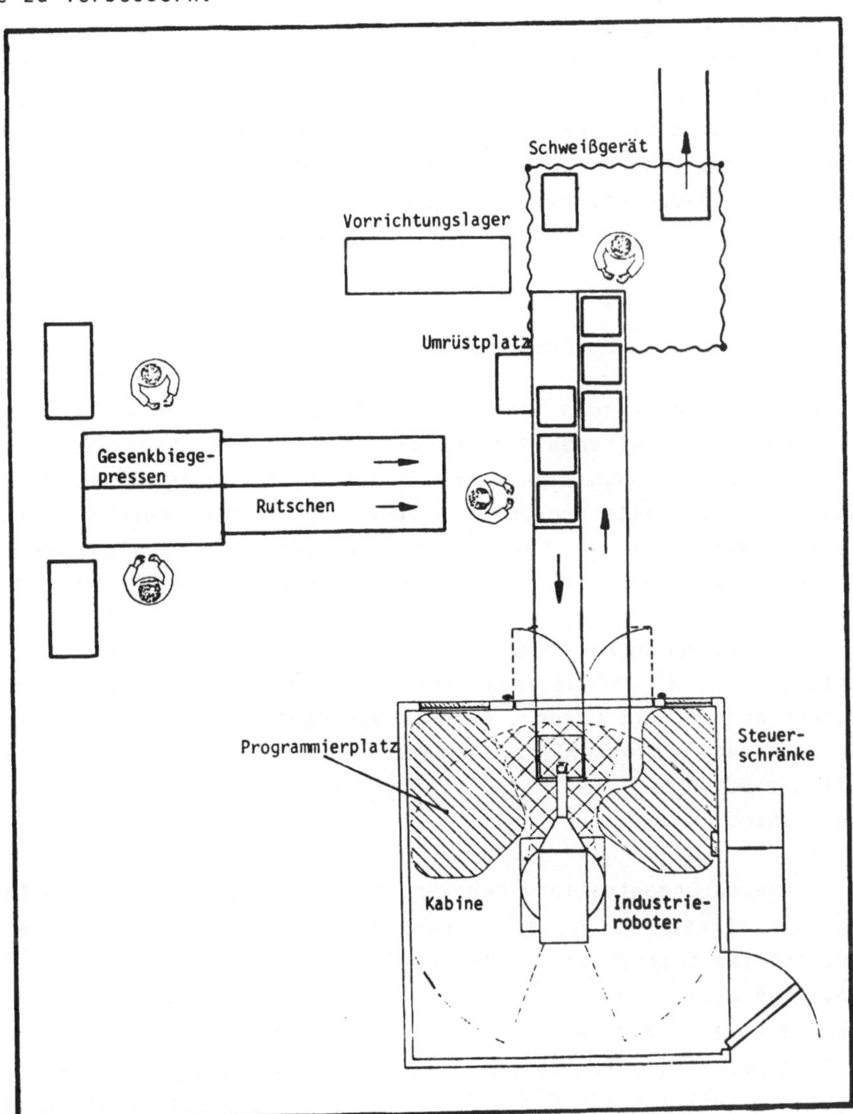


Bild 3.4: Layout des Arbeitssystems

Die im folgenden beschriebene Lösung beschränkt sich daher nicht allein auf den engen Bereich des Industrieroboters, sondern bezieht die Gesenkbiegepressen und das Lichtbogenschweißen mit ein. In Bild 3.4 ist das geplante Arbeitssystem dargestellt.

Die bisher vorhandene strenge Trennung der Fertigungsbereiche wird aufgehoben und es wird ein System eingerichtet, das als Fertigungsinsel anzusehen ist. Das System besteht aus 2 Gesenkbiegepressen, dem Industrieroboter zum Punktschweißen und einem manuellen Arbeitsplatz zum Lichtbogenschweißen. Es sind insgesamt vier Arbeitnehmer in diesem Arbeitssystem beschäftigt. Die Nibbelmaschine wird nicht in diesen Bereich mit einbezogen, weil sie wegen der starken Lärmerzeugung in einem speziell schallisolierten Raum installiert wird.

### 3.3.1 Arbeitsablauf und Arbeitsorganisation im System

Die Blechplatten werden nach dem Zuschnitt an den Gesenkbiegepressen bereitgestellt. Zwischen den Pressen und dem Bestückungsplatz für das IR-Schweißen befinden sich Werkstückpuffer, deren Anzahl sich aus der Zahl der Einzelteile ergibt, aus denen die Stahlgehäuse bestehen. Da die Gesenkbiegepressen über freiprogrammierbare Anschläge verfügen, ist schnelles Einrichten bei Werkstückwechsel gewährleistet.

Bisher wurde so produziert, daß zunächst alle Einzelteile für einen Auftrag von z.B. 150 Gehäusen fertig gebogen und dann zum Schweißen weitertransportiert wurden. Dadurch war einerseits Platz für die Zwischenlagerung erforderlich, andererseits entstanden Verzögerungen, weil das Schweißen erst nach Fertigstellung des letzten Teiles beginnen konnte.

In der neuen Organisationsform werden Biegen und Schweißen besser aufeinander abgestimmt. Zunächst werden alle Puffer mit vorbereiteten Einzelteilen aufgefüllt. Da die Puffer ca. 20 Teile fassen, kann das Schweißen bereits nach kürzerer Zeit beginnen als bisher. Durch die freie Programmierbarkeit der Anschläge können die Gesenkbiegepressen so flexibel eingesetzt werden, daß sie bei sinkendem Pufferinhalt ohne große Zeitverluste auf das erforderliche Werkstück eingestellt werden. Die beiden Arbeiter an den Pressen sorgen selbstständig dafür, daß alle Puffer dauernd gefüllt sind und stimmen sich dazu mit dem Einleger an der IR-Bestückungsstation ab.

Der Einleger entnimmt die vorbereiteten Einzelteile aus den Puffern und legt sie in die Vorrichtungen zum Punktschweißen ein. Eine genauere Darstellung der Vorrichtungen erfolgt in Kap. 3.3.2.4.
Die Vorrichtungen befinden sich auf einem Umlaufsystem, das eine Entkopplung des Einlegens und manuellen MIG/MAG-Schweißens vom Takt des Industrieroboters gewährleistet.
Die Schweißvorrichtungen sind aus einfachen Steckmodulen aufgebaut und können bei Loswechsel mit geringem Aufwand auf ein anderes Teil umgerüstet werden. Zu diesem Zweck steht ein spezieller Umrüstplatz zur Verfügung, der es ermöglicht, Transportpaletten aus dem Umlaufsystem auszuschleusen und mit der Umrüstung noch während der Abarbeitung des vorhergehenden Loses zu beginnen. Dadurch werden Stillstandszeiten aufgrund des Umrüstens stark reduziert. Die modulartige Bauweise der Vorrichtungen führt zusätzlich zu weiteren Kosteneinsparungen, da nicht für jedes Werkstück unterschiedliche Schweißvorrichtungen bereitstehen müssen. Damit halten sich die Kosten für die Entkopplung von Mensch und IR-System in Grenzen. Nach dem Punktschweißen durch den IR gelangen die Gehäuse zum manuellen Schweißplatz an dem ein weiteres Teil eingelegt und eine kurze Naht geschweißt wird. Hier werden die fertigen Gehäuse auch einer Qualitätskontrolle unterzogen. Zum Schluß werden die Werkstücke auf eine Rollenbahn übergesetzt, die sie zum Entfetten und Lackieren transportiert.

Die Aufhebung der bisherigen Trennung der Fertigungsstationen spiegelt sich auch in der Arbeitsorganisation wider. Die vier Arbeiter bilden eine Arbeitsgruppe. Sie müssen sich in ihren einzelnen Tätigkeiten aufeinander abstimmen. Die im System auszuführenden Tätigkeiten werden von jedem einzelnen beherrscht. Daher ist auch Arbeitsplatzwechsel möglich, der von den Gruppenmitgliedern nach eigenem Wunsch durchgeführt werden kann.

Die von der Gruppe auszuführenden Tätigkeiten sind:

* Werkstückhandhabung an den Gesenkbiegepressen ,
* Umprogrammieren der Pressen,
* Einlegen der Einzelteile in die Schweißvorrichtung,
* manuelles Lichtbogenschweißen,
* Qualitätskontrolle,
* Programmieren und Programmwechsel des Industrieroboters,

* Umrüsten der Schweißvorrichtungen und Transportpaletten,
* Wartungsarbeiten im gesamten System (Biegepressen, IR, Punktschweißen),
* Überwachung und Beseitigung kleiner Störungen,
* Steuerung des Fertigungsablaufes (kurzfristige Fertigungssteuerung).

Zur Vergrößerung des Handlungsspielraumes und Ermöglichung von Entscheidungen sollen vor allem Aufgaben der kurzfristigen Fertigungssteuerung an die Gruppe übertragen werden. Was das im einzelnen bedeutet, wurde bereits in Kap. 2.3.1 beschrieben. Welchen zeitlichen Umfang dabei die der Gruppe zugeteilten Aufträge haben, ist einerseits von den Lieferfristen des Auftraggebers, andererseits von der Zwischenlagerkapazität im Anschluß an die Nibbelmaschine abhängig. Innerhalb dieses Rahmens ist es möglich der Gruppe ein Auftragsvolumen von mehreren Tagen zu übergeben, innerhalb dessen sie in Abstimmung mit der Lackiererei selbst die Reihenfolge der Abarbeitung festlegen kann. Verbunden damit sind eigenständige Entscheidungen über Programmwechsel und Umrüsten innerhalb des Systems.

Das gleiche Qualifikationsniveau aller vier Arbeiter hat den Vorteil der gegenseitigen Ersetzbarkeit bei Krankheit oder Urlaub. Wenn z.B. ein Arbeiter ausfällt, wird eine Ersatzperson angefordert, die für einen Arbeitsplatz (z.B. Bedienung der Gesenkebiegepresse) geschult ist. Die Besetzung der drei anderen Plätze kann von der Gruppe frei gewählt werden. Auf diese Weise ist es nicht mehr erforderlich, daß Springer an allen Arbeitsplätzen in einer Abteilung einsetzbar sein müssen. Die relativ umfangreiche Qualifikation der Springer verteilt sich damit auf mehr Arbeiter. Gleichzeitig entsteht eine größere Produktionssicherheit bei Personalausfall, die wirtschaftliche Vorteile mit sich bringt.

Die Entkopplung der manuellen Arbeitsplätze (Einlegen, Lichtbogenschweißen, Entnehmen) vom Takt des Industrieroboters hat ebenfalls wirtschaftliche Vorteile. Die Stillstandszeiten sinken, weil der Arbeitszyklus nicht mehr manuell ausgelöst wird. Durch das Pufferband stehen immer genügend Werkstücke bereit, damit für den Industrieroboter keine Pausen entstehen.

Die Vorteile der Entkopplung für die Arbeitnehmer bestehen in der Möglichkeit, die Arbeitsgeschwindigkeit zu variieren oder Kurzpausen herauszuarbeiten. Das soll im folgenden näher erläutert werden.

In Bild 3.5 ist für die beiden Arbeiter am IR-System der zeitliche Ablauf ihrer Tätigkeiten für den Fall angegeben, daß sie immer mit konstanter Geschwindigkeit arbeiten. Der erste Arbeiter legt die Einzelteile in die Schweißvorrichtung ein während der zweite im Anschluß an das IR-Punktschweißen einige Schweißnähte zieht und die Vorrichtung entlädt. Im Puffersystem sind 8 Transportpaletten mit Schweißvorrichtungen im Umlauf.

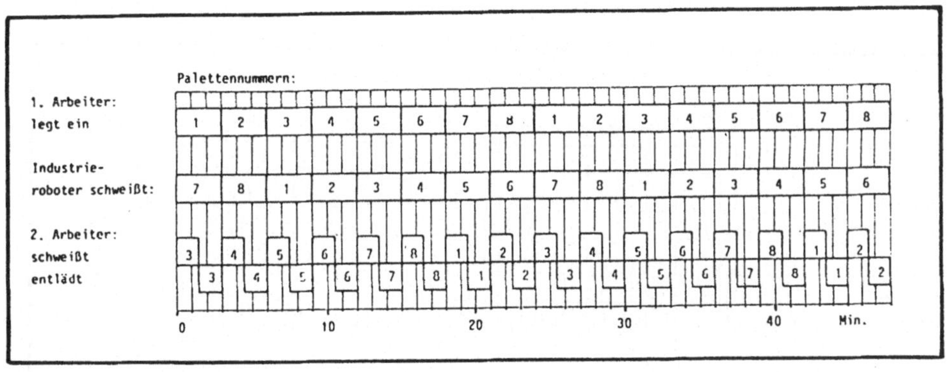


Bild 3.5: Zeitliche Verteilung am/im IR-System bei konstanter Arbeitsgeschwindigkeit

Der erste Arbeiter benötigt 3 min. zum Einlegen. Die Schweißzeit des IR beträgt einschließlich Transport ebenfalls 3 min.. Dem zweiten Arbeiter stehen dann auch 3 min. zum Schutzgasschweißen und Entladen der Vorrichtung zur Verfügung. Die Reihenfolge der Tätigkeiten ist auf der Zeitachse dargestellt, die Zahlen entsprechen den Nummern der Paletten, die gerade bearbeitet werden. Die angegebenen Zeiten für Einlegen, manuelles Schweißen und Entladen entsprechen einer Leistung von 100%. Das ist allerdings nicht zu verwechseln mit Vorgabezeit, da wegen des konstanten Maschinentaktes nicht im Akkord gearbeitet wird. Kurzfristig kann auch schneller gearbeitet werden, z.B. mit einer Leistung von 150%. Dann sind statt 3 min. nur 2 min. für dieselbe Tätigkeit erforderlich. Im Gegensatz zum Akkord kann die Leistung aber nicht sehr lange höher sein als 100%, da der IR die Arbeitsgeschwindigkeit vorgibt und nur eine begrenzte Pufferung besteht. Auf kurzfristig höhere Leistung folgt also verlangsamte Arbeit oder eine kurze Pause.

Bild 3.6 zeigt eine Möglichkeit, die Arbeitsgeschwindigkeit zu variieren. Bei acht Vorrichtungen und einer konstanten Roboter-Schweißzeit von 3 min. kann die manuelle Arbeitsgeschwindigkeit je Palette im Bereich von ca. 2-4 min. varriiert werden. Im gezeigten Beispiel folgen z.B. auf 16 min. schneller Arbeit 32 min. langsamer Arbeit. Natürlich besteht auch die Möglichkeit, Kurzpausen herauszuarbeiten, wie in Bild 3.7 dargestellt. Die Länge kann maximal 16 min. betragen, allerdings muß dann zwischen den Pausen ständig mit erhöhter Geschwindigkeit gearbeitet werden.

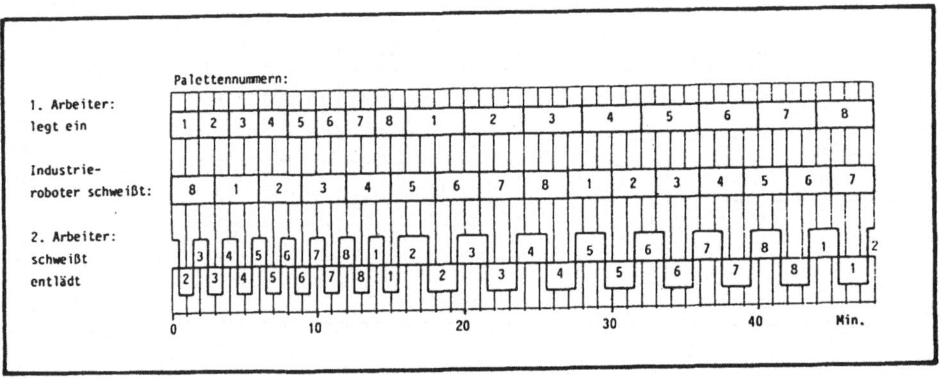


Bild 3.6: Möglichkeiten der Erhöhung oder Verlangsamung der Arbeitsgeschwindigkeit im Rahmen der vorhandenen Pufferung

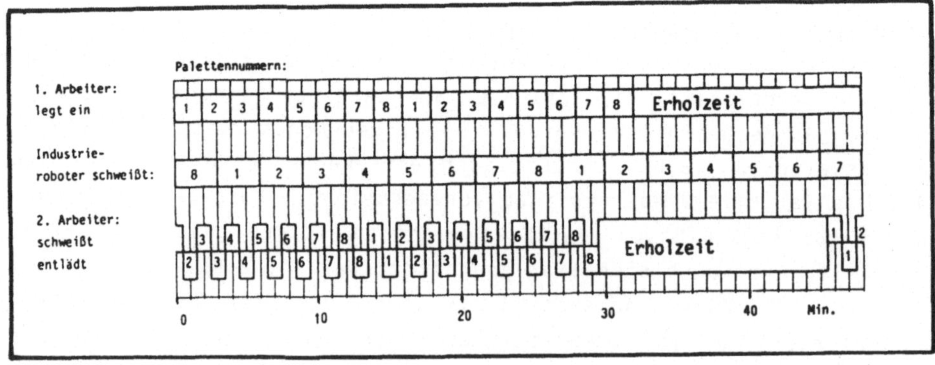


Bild 3.7: Möglichkeit der Herausarbeitung von Kurzpausen durch erhöhte Arbeitsgeschwindigkeit

Es wird deutlich, daß den Arbeitnehmern die Variation der Arbeitsgeschwindigkeit durch die Pufferung ermöglicht wird, während der Industrieroboter ständig mit gleicher Arbeitsgeschwindigkeit und ohne Stillstand in Betrieb ist. Dadurch entsteht mehr Spielraum bei der Tätigkeitsausführung bei gleichzeitig hoher Effektivität des technischen Systems.

### 3.3.2 Technische Beschreibung

#### 3.3.2.1 Gesenkbiegepressen (1+2)

Für das Abkanten der Bleche stehen zwei Gesenkebiegepressen (1000/ 1500 mm) unterschiedlicher Baugröße mit hydromechanischer Gleichlaufsteuerung zur Verfügung. Die Pressen sind mit motorisch verstellbaren Anschlägen ausgerüstet, deren Einstellung auf einem digitalen Zählwerk mit einer Auflösung von 0,1mm abgelesen werden kann. Der Anschlag kann auch über eine speicherprogrammierbare Steuerung eingestellt werden. Die Geschwindigkeits-Umschaltpunkte sind einstellbar, ebenfalls der obere Totpunkt.

#### 3.3.2.2 Pufferspeicher nach den Gesenkbiegepressen

Der Pufferspeicher ist direkt mit den Gesenkbiegepressen gekoppelt. Die Teile werden vorn auf ein Förderband gelegt und über manuell einstellbare Weichen zu dem Pufferspeicher transportiert. Dort gleiten die Teile auf den geneigten Pufferbahnen in die Entnahmeposition. Pro Bahn können ca. 20 Teile gepuffert werden.

#### 3.3.2.3 Palettenumlaufsystem

Die Werkstückeinzelteile werden von einem Arbeitnehmer aus den jeweiligen Pufferspeichern entnommen und in die Schweißvorrichtungen gelegt, die sich auf standardisierten Umlaufpaletten befinden. Der Transport der Umlaufpaletten erfolgt mittels Friktionsrollen. Das Umlaufsystem weist insgesamt 3 Positionierstationen und 3 Pufferstrecken auf. In den Positionierstationen wird die Palette mit einem Anschlag gestoppt und mit 2 Fixierbolzen von unten angehoben und fixiert.

### 3.3.2.4 Umlaufpaletten und Spannvorrichtungen

Die Umlaufpaletten haben die Maße 800 mm x 800 mm. Auf den Umlaufpaletten sind schnell umrüstbare flexible Vorrichtungsmodule montiert. Diese sind im Interesse einer kurzen Umrüstzeit in einem geordneten Vorrichtungslager untergebracht. Die Montage der Vorrichtungen erfolgt auf den Befestigungsplatten. Zusätzlich wird bei jedem Umrüsten die Palette kodiert, damit das IR-System das erforderliche Programm automatisch einlesen kann. Bild 3.8 zeigt die Vorrichtungspalette.

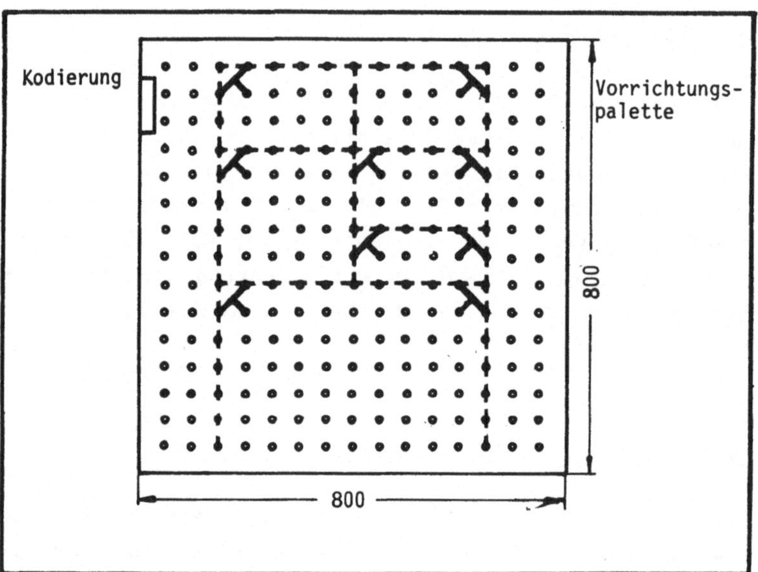


Bild 3.8: Modulare Vorrichtungspalette

### 3.3.2.5 Industrierobotersystem

Der gewählte Industrieroboter ist ein 6-achsiges Gerät mit vertikaler Knickarmkinematik. Das max. Handhabungsgewicht beträgt 65 kg. Für das Schweißen ist eine Punktsteuerung ausreichend. Die Speicherung der Programme erfolgt auf Disketten. Je nach vorliegender Vorrichtung wird das benötigte Programm in die IR-Steuerung eingelesen.

### 3.3.2.6 Punktschweißzange

Die Punktschweißzange ist eine Trafozange mit einer Nennleistung von 30 KVA bei einer ED von 50%. Die Elektroden sind leicht auswechselbar und wassergekühlt. Da einige Schweißpunkte aus optischen Gründen nicht sichtbar sein dürfen, ist eine Elektrode mit einer pendelnden Druckplatte versehen.

### 3.3.2.7 Manueller Schutzgasschweißarbeitsplatz

Der manuelle Schweißarbeitsplatz befindet sich am Umlaufsystem. Die Paletten werden vom Schweißer aus dem Puffer vor der Station abgerufen, zum Mitarbeiter gefördert und dort positioniert. Der Schweißer legt das Einzelteil ein, schweißt es, entnimmt anschließend das Teil aus der Vorrichtung und hängt es nach einer optischen Prüfung an das Power-and-Free-System der Entfettungs-Lackier-Anlage. Die Schweißzelle ist nach standardmäßigen Gesichtspunkten ausgeführt. Die Schweißrauchabsaugung erfolgt direkt über dem Schweißbrenner.

### 3.3.3 Arbeitssicherheit

Hinsichtlich der Arbeitssicherheit ergeben sich zwei Schwerpunkte, die besondere Beachtung erfordern:

- Gesenkbiegepressen
- IR-System

Im folgenden werden die Arbeitsschutzmaßnahmen erläutert.

#### Gesenkbiegepressen

Für diesen Bereich gelten die "Sicherheitsregeln für Biegearbeiten auf kraftbetriebenen Gesenkbiegepressen (Abkantpressen) der Metallbearbeitung" (ZH 1/367). Da die Werkstücke zum Teil Maße aufweisen, die ein weites Herausragen aus dem Werkzeug zur Folge haben, ist das Führen von Hand während des Biegevorgangs erforderlich. Für diesen Fall sind folgende Schutzmaßnahmen zu ergreifen:

- Distanzierende Maßnahmen
- Hubbegrenzung auf 8 mm Öffungsweite
- Kombinationsschaltung (für den Fall, daß mehr als 8 mm geöffnet werden muß, ist eine stufenweise Schließbewegung möglich. In der ersten Phase wird das Werkstück nicht gehalten, und eine Zweihandschaltung schützt den Bediener. Bei 8 mm Öffnungsweite wird der Hub unterbrochen und es erfolgt eine selbsttätige Umschaltung auf Fußsteuerung. Die Hände sind frei zum Führen des Werkstücks.)

IR-System

a) Automatikbetrieb

Im Automatikbetrieb ist das System nicht zugänglich. Die Tür ist verschlossen und durch Sicherungsschalter überwacht. Der IR befindet sich soweit von der Öffnung für die Palettenzufuhr entfernt, daß die Arbeitsräume von Mensch und IR sich nicht überdecken (s. Bild 3.9). Die Kabinenöffnung für die Palettentransportbahn muß so gestaltet sein, daß der Durchgang für das Personal unmöglich ist und beim Einfahren der Paletten keine Scherstellen entstehen. Die Schaltschränke für den Industrieroboter und die Gesamtsteuerung sind außerhalb der Kabine aufgestellt. Durch diese Maßnahme ist eine Kontrolle im Automatikbetrieb möglich, ohne daß die Kabine betreten werden muß. Im Bereich der Palettenbe- und entladung befinden sich an der Transportbahn Not-Aus-Schalter, die sowohl auf den Industrieroboter als auch auf die Transportbahn wirken. Weitere Not-Aus-Schalter sind an der Eintrittsöffnung der Transportbahn und am Steuerschrank vorhanden. Mit diesen Maßnahmen ist die Sicherheit im Automatikbetrieb gewährleistet.

b) Programmieren, Störungsbeseitigung, Instandhaltung

Neben den vorhandenen Sicherheitseinrichtungen für das Programmieren (Schleichgang, Tippbetrieb) müssen bei der Systemgestaltung noch weitere Sicherheitsmaßnahmen ergriffen werden. Durch mechanische Begrenzungen des IR-Arbeitsraumes und ausreichende Kabinengröße wird ein sicherer Programmierplatz geschaffen, der vom IR nicht erreicht werden kann. Auf dem Kabinenboden wird dieser Bereich markiert. Der Programmierer kann sehr dicht an das Werkstück heran und befindet sich trotzdem im sicheren Bereich. Für das Programmierhandgerät (PHG) sind eine oder mehrere Aufhängevorrichtungen vorgesehen, um ungewollte Bewegungsauslösung zu verhindern, wenn das Gerät z.B. bei Korrekturen an der Spannvorrichtung aus der Hand gelegt werden muß.

Zur Arbeitssicherheit bei der Störungsbeseitigung und Instandhaltung gelten die gleichen Aussagen wie in Kap. 2.3.3.

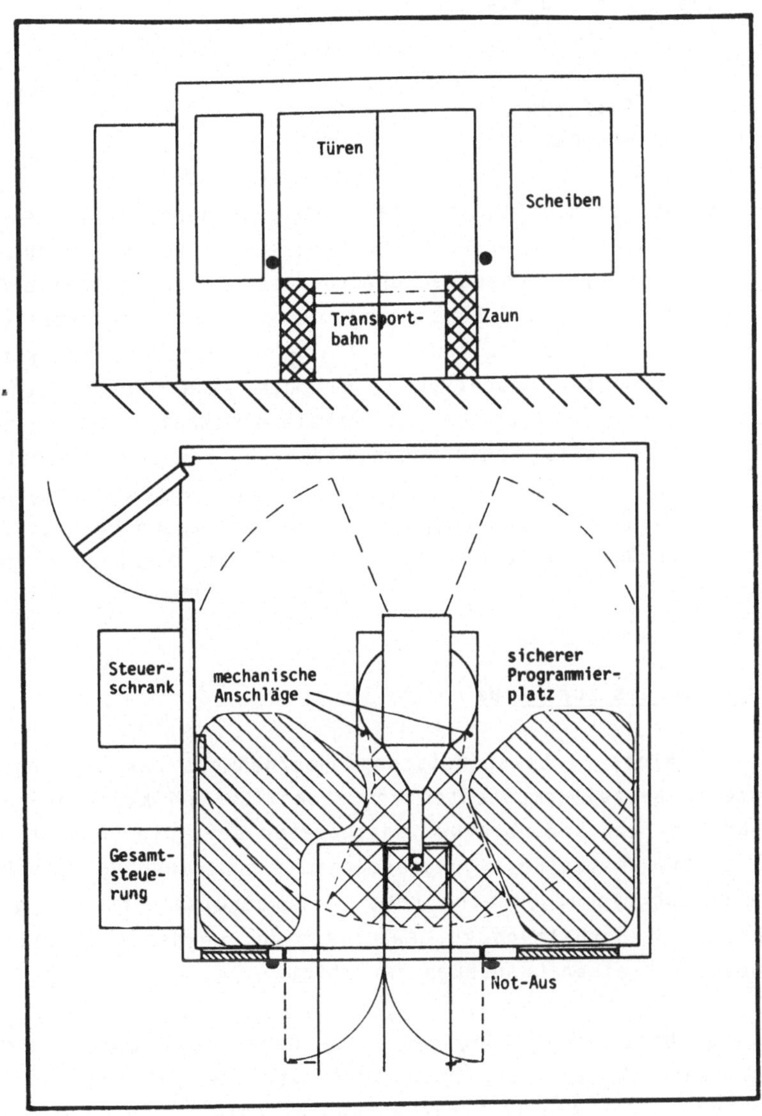


Bild 3.9: Arbeitsräume und Sicherheitseinrichtungen

# 4 TYP 3

## 4.0 Charakterisierung

Bei diesem Typ herrschen die Bedingungen

- kleine Losgrößen,
- große Teilevielfalt und
- kleine Werkstückgröße.

Die Anforderungen an die Flexibilität sind sehr hoch, weil viele verschiedene Werkstücke in kleinen Losen hergestellt werden. Dazu ist eine große Anzahl von Vorrichtungen erforderlich, deren schnelle Austauschbarkeit ein wichtiger Faktor ist, um die Stillstandszeiten des Industrieroboters kurz zu halten. Im folgenden Fallbeispiel wird ein Vorrichtungspaternoster beschrieben, das die schnelle Umrüstbarkeit gewährleistet. Hinsichtlich der Humanisierungsmöglichkeiten bietet dieser Typ relativ gute Bedingungen, höherwertige Arbeitsplätze zu schaffen, weil die Anforderungen an das Personal wegen häufigen Neuprogrammierens und Umrüstens hoch sind. Vorraussetzung dazu ist allerdings eine gute Qualifizierung der Arbeiter, um Überforderungen zu vermeiden.

## 4.1 Allgemeines zur Firma

Das Zweigwerk eines mittelständischen Unternehmens der Gartengerätebranche stellt Bauteilkomponenten von Maschinen und Kleingeräten wie z.B. Rasenmähern und Bodenbearbeitungsgeräten her. Die Produktion umfaßt ein relativ festes Fertigungsprogramm mit kleinen Werkstücken und ca. 150 Werkstücktypen. Um eine hohe Lieferbereitschaft bei gleichzeitig geringer Lagerhaltung zu gewährleisten, werden die Teile auftragsbezogen in kleinen Losgrößen gefertigt.

Im Zuge einer Umstrukturierung der Schweißerei soll diese technisch und organisatorisch neu gestaltet werden, wobei ein Hauptaugenmerk auf die Verbesserung der Arbeitsbedingungen gerichtet sein soll. Um zukünftig hochflexibel produzieren zu können, ist dabei die Installation eines Industrierobotersystems zum Schutzgasschweißen vorgesehen.

## 4.2 Ist-Fertigung

### 4.2.1 Allgemeine Beschreibung der Abteilung "Schweißerei"

Die Schweißerei einschließlich des Zwischenlagers "Vorfertigung" und des Zwischenlagers "Schweißfertigteile" ist in einer ca. 450 qm großen Halle (siehe Bild 4.1) untergebracht. Vier der insgesamt 6 Schweißarbeitsplätze sind ständig besetzt. Die einzelnen Schweißarbeitsplätze sind durch Schweißvorhänge voneinander getrennt.

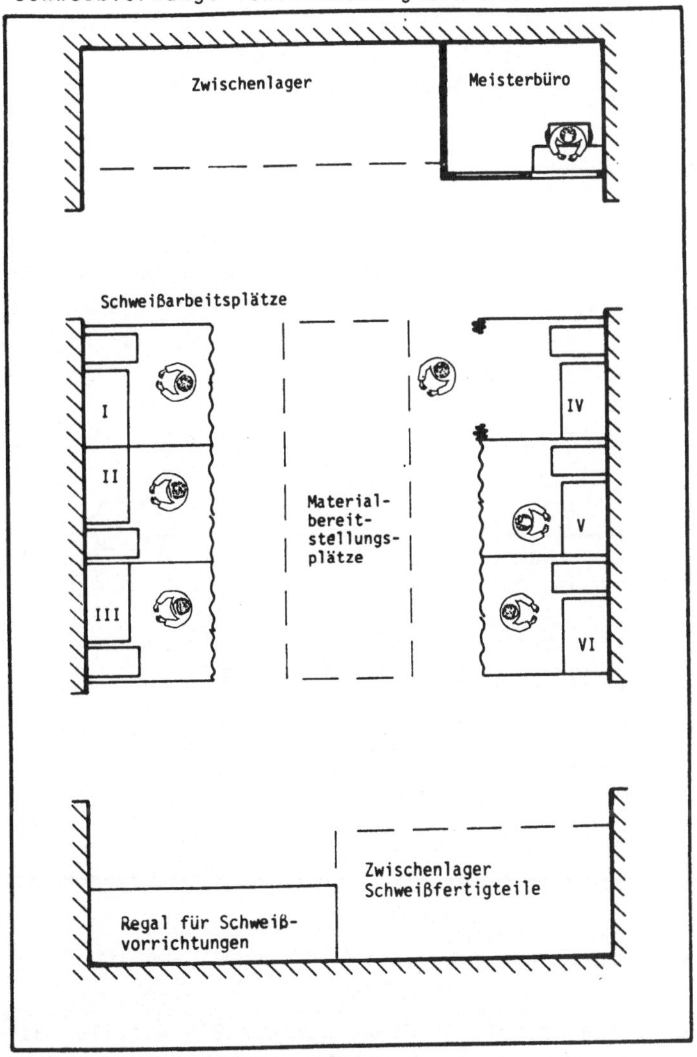


Bild 4.1: Fertigungshalle "Schweißen"

Durch die zwei Zwischenlager und die Teilebereitstellung vor den Schweißkabinen sind oft die Verkehrswege zugestellt.

### 4.2.2 Beschreibung des Fertigungsablaufs am Werkstück "Quertraverse"

Der Fertigungsablauf wird für das Bauteil (Bild 4.2) "Quertraverse" dargestellt. Dieser Fertigungsablauf gilt im wesentlichen auch für die anderen Werkstücke des Produktionsprogramms.
Das Werkstück Quertraverse ist Teil eines Gartenbaugerätes und besteht aus 7 Einzelteilen:

* 2 Längsträgern
* 2 Querträgern
* 2 Motoraufhängungen
* 1 Querstrebe

Die Einzelteile kommen fertig bearbeitet und zu Auftragspaketen zusammengestellt in das Zwischenlager "Vorfertigung". Hier entnimmt der Meister oder der Vorarbeiter die Laufkarte des Auftrages und teilt diesen der jeweiligen Schweißkabine zu.

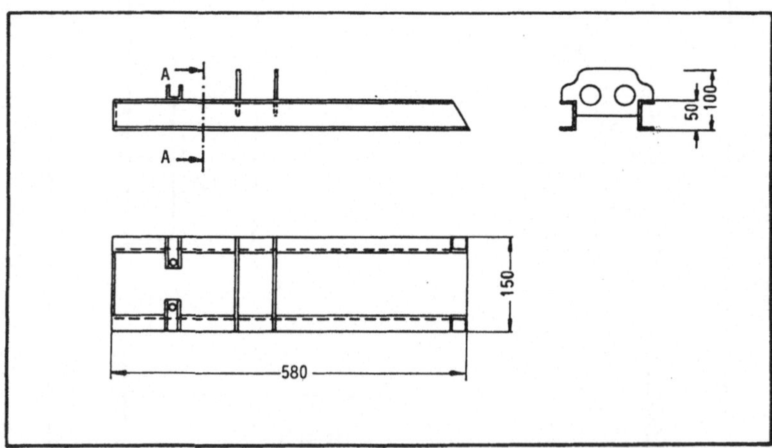


Bild 4.2: Werkstück "Quertraverse"

Bei Auftragsbeginn bringt der Schweißer die Einzelteile aus dem Zwischenlager an seinen Arbeitsplatz. Anschließend holt er sich anhand der Ident-Nr. auf der Zeichnung die für diesen Auftrag erforderliche Spannvorrichtung und stellt seine Schweißstromquelle ein. Die Einzelteile werden manuell eingelegt und mit Kniehebelspannern fixiert. Da im Zuge einer früheren Maßnahme die Werkstücke bereits schweißgerecht konstruiert wurden, können sie in einer Aufspannung geschweißt werden.

Geschweißt wird im MAG-Verfahren. Nachdem das Werkstück geschweißt und der Spannvorrichtung entnommen ist, wird es auf Unsauberkeiten wie z.B. Schweißspritzer oder Grate untersucht und gegebenenfalls noch mit dem Winkelschleifer oder einem Nagelhammer nachbearbeitet. Bei einigen Aufträgen ist zudem noch erforderlich, daß Bohrungen für das anschließende Lackieren abgedeckt werden müssen, das dann der Schweißer ebenfalls noch erledigt. Ist ein Auftrag abgearbeitet, werden die Werkstücke auf einer Palette in das Zwischenlager "Schweißfertigteile" gebracht und die Laufkarte abgestempelt.

### 4.2.3 Arbeitsorganisation und Arbeitsbedingungen

In der Schweißerei sind nur Einzelarbeitsplätze vorhanden, an denen im Akkord gearbeitet wird. Kooperationserfordernisse bestehen nur mit den Transportarbeitern, wenn Material herangebracht oder abtransportiert werden soll, bzw. wenn Vorrichtungen aus dem Lager geholt werden müssen. Wegen der allseitig geschlossenen Schweißkabinen ist Kommunikation nur in den Pausen möglich oder wenn die Kabine wegen Materialnachschub verlassen wird.

Der Geräuschpegel in der Halle weist Spitzenwerte von mehr als 90dB(A) auf, da jeder Schweißer nach Erfordernis sein Werkstück mittels Winkelschleifer verputzt. Der Rauchabzug findet nur durch die im Hallendach befindlichen Öffnungen statt. Wenn in allen Kabinen gleichzeitig geschweißt wird, treten in der Halle erhebliche Belastungen durch Schweißrauch auf.

Die Arbeitsverteilung und kurzfristige Fertigungssteuerung nimmt der Meister vor. Dem einzelnen Arbeiter bleiben keine Entscheidungsspielräume für die Ausführung seiner Tätigkeit. Die Arbeitsverteilung ist so geregelt, daß jeder Arbeiter immer die gleichen Werkstücktypen bearbeitet, weil durch den routinemäßigen Ablauf der Arbeit dann höhere Akkordsätze erreichbar sind (Artteilung).

Um möglichst kurze Durchlaufzeiten zu erzielen und die kompletten Baugruppensätze schnell an das Hauptwerk liefern zu können, werden die zu einem Auftrag gehörigen unterschiedlichen Baugruppen parallel auf den verschiedenen Schweißplätzen gefertigt und sind etwa zum gleichen Zeitpunkt fertig. Die Steuerung dieses Ablaufes wird bisher von der Arbeitsvorbereitung festgelegt und vom Meister ausgeführt. Dabei zeigt sich, daß wegen der großen Teilezahl und wegen Eilaufträgen der geplante Ablauf immer wieder durcheinandergerät. Der Aufwand für die Fertigungssteuerung ist daher unverhältnismäßig hoch.

Mit dem Einsatz der Schweißroboter soll das Prinzip der parallelen Fertigung der Baugruppen eines Auftrages möglichst erhalten bleiben. Gleichzeitig soll aber auch der Aufwand für die Fertigungssteuerung verringert werden.

Ein weiterer Grund für die Neukonzeption der Schweißerei ist in den Arbeitsbedingungen zu sehen. Das gilt sowohl für die Umgebungsbedingungen als auch für Handlungs- und Entscheidungsspielräume. Obwohl die Fertigung relativ hohe Anforderungen an die Flexibilität stellt, weisen die Arbeitsplätze in dieser Hinsicht wegen der zentralen Fertigungssteuerung keine erhöhten Spielräume für die Arbeitnehmer auf.

## 4.3 Soll-Fertigung

### 4.3.1 Neukonzeption des Gesamtsystems: Integration eines Schweißroboters zum Schutzgasschweißen

Das Gesamtsystem soll wie bereits eingangs angedeutet, so aufgebaut werden, daß eine Verbesserung der Arbeitsbedingungen erreicht wird. Unter den Randbedingungen die beim Typ 3 gegeben sind, stößt jedoch eine Entkopplung durch technische Maßnahmen auf Schwierigkeiten. Der Grund liegt darin, daß es wegen der Vielzahl der unterschiedlichen Vorrichtungen aus Kostengründen nicht möglich ist, jede Vorrichtung mehrfach vorliegen zu haben und deshalb keine Pufferung möglich ist. Statt dessen soll eine organisatorische Entkopplung durchgeführt werden.

### 4.3.2 Allgemeine Beschreibung des Gesamtsystems

Das neue System soll in der alten Schweißerei untergebracht werden. Bild 4.3 zeigt das Layout des Gesamtsystems.

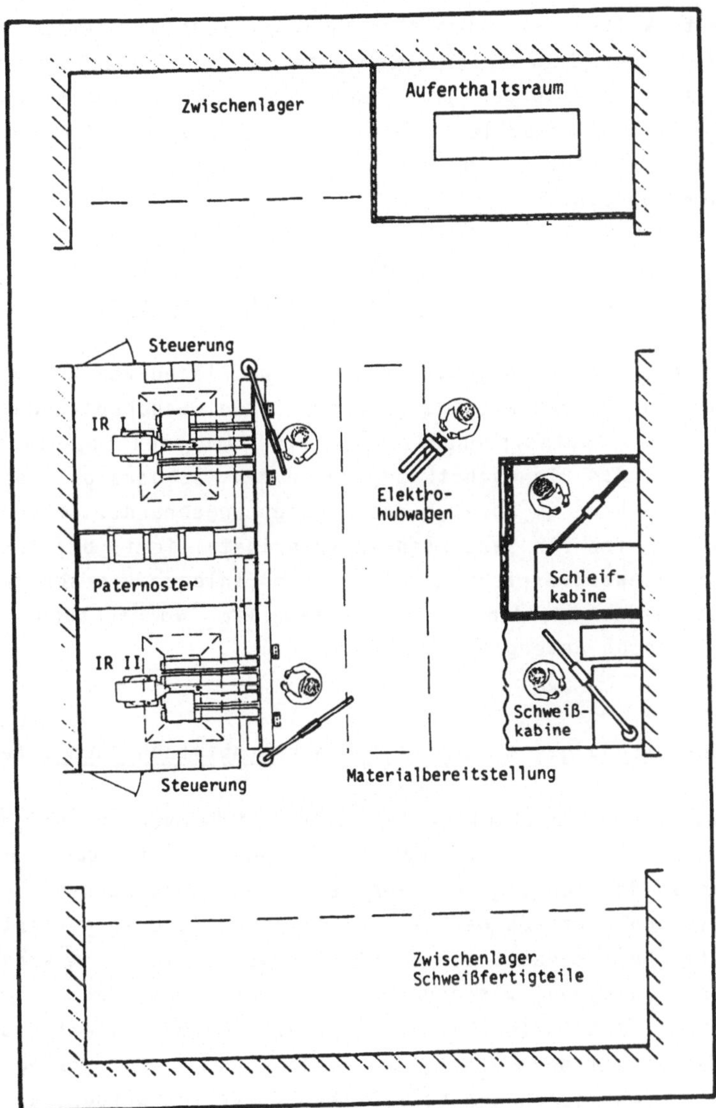


Bild 4.3: Layout des geplanten Systems

Das Zwischenlager "Rohteile" wird in seiner Größe belassen, dagegen wird das Zwischenlager "Schweißfertigteile" um die Fläche des nicht mehr benötigten Schweißvorrichtungsregals erweitert. Im Bereich der bisherigen manuellen Schweißarbeitsplätze wird das neue Industrierobotersystem mit zwei Industrierobotern und einem Vorrichtungspaternoster installiert. Weitere Arbeitsplätze befinden sich auf der gegenüberliegenden Seite des Industrierobotersystems. Für Schweißarbeiten, die aufgrund ihrer Abmessungen nicht auf dem IR-System bearbeitet werden können, steht ein manueller Schweißarbeitsplatz zur Verfügung. Verschleifarbeiten können in einer geräuschisolierten Schleifkabine durchgeführt werden.

### 4.3.3 Gestaltung des manuellen Schweißarbeitsplatzes

Der manuelle Schweißarbeitsplatz weist eine Fläche von 20 qm auf. Neben einem Schweißtisch mit integrierter Schweißrauchabsaugung befinden sich noch die Schweißstromquelle und ein Zwischenablageplatz in der Schweißkabine. Als Blendschutz gegenüber den Nachbararbeitsplätzen ist ein Lamellenvorhang im Bereich des Zugangs angebracht. Im Bereich der Schweißkabine wird ein Säulenschwenkkran installiert, der für das Aufstellen der Schweißvorrichtungen und beim Einlegen von schweren Werkstücken eingesetzt werden soll. Die manuellen Vorrichtungen sind in der Schweißkabine untergebracht.

### 4.3.4 Gestaltung des manuellen Nacharbeitsplatzes "Schleifen"

Der manuelle Nacharbeitsplatz hat eine Fläche von 20 qm. Der Verschleiftisch weist mehrere Spannvorrichtungen auf, um jeweils die Werkstücke in der günstigsten Lage verschleifen zu können. Desweiteren kann der Verschleiftisch nach allen Seiten um 45 Grad gekippt werden. Die Spannfläche ist dabei als Drehteller ausgebildet. Um eine gute Zugänglichkeit zu haben, wurde der Verschleiftisch in der Mitte des Raumes aufgebaut. Die Teilebereitstellung erfolgt mit Paletten auf einem Hebe-Kippgerät (ergonomische Arbeitshöhe). Damit die umliegenden Arbeitsplätze nicht durch den Schleiflärm belästigt werden, ist der Arbeitsplatz in einer Schallschutzkabine untergebracht. Die Kabine hat eine halbautomatische Schiebetür. In die Türelemente sind Sichtfenster eingebaut. Desweiteren wird die Kabine zwangsbe- und entlüftet. Für den Belastungsabbau des Mitarbeiters befindet sich innerhalb der

Schleifkabine ebenfalls wie in der Schweißkabine ein Säulenschwenkkran. Bild 4.3 zeigt die Schleifkabine.

### 4.3.5 Transport- und Handlingsysteme

Innerhalb des Systems werden die Transportaufgaben von und zu den Zwischenlagern durch Palettenhubwagen realisiert. Am IR-System sind 2 Säulenschwenkkrane installiert, die vor allem dazu benutzt werden sollen, die schweren Fertigteile aus der Vorrichtung zu nehmen. In der Schweiß- und Schleifkabine befinden sich ebenfalls, wie bereits beschrieben, Säulenschwenkkrane.

## 4.4 Konzeption des Industrierobotersystems zum Schutzgasschweißen

Das Industrierobotersystem ist so konzipiert, das auch kleine Losgrössen mit geringem Schweißinhalt wirtschaftlich geschweißt werden können. Die vorhandenen Schweißvorrichtungen können weitgehend eingesetzt werden, sind unmittelbar an der IR-Anlage gelagert und können auf Abruf automatisch bereitgestellt werden. Das konzipierte Industrierobotersystem (Bild 4.7) besteht aus folgenden Komponenten:

* 2 Industrieroboter zum Schutzgasschweißen
* 1 Schweißvorrichtungslager in Paternosterbauweise mit anwählbaren Ablageplätzen
* 1 Querverfahrschiene vom Paternoster zu den Industrierobotereinlegeplätzen
* 4 Schweißvorrichtungszuführbahnen mit automatischer Vorrichtungsverriegelung und Identifizierung der Vorrichtung
* Schweißvorrichtungen und Trägerpaletten
* Schweißausrüstung
* Sicherheitskomponenten

### 4.4.1 Industrieroboter

Die zwei Industrieroboter bilden den Kern der gesamten Anlage. Um zukünftig von der Werkstückkomplexität nicht eingeschränkt zu sein, sind beide Industrieroborter 6-achsig ausgeführt. Um den erforderlichen Arbeitsraum abzudecken, wird ein Industrieroboter mit einer Ausladung von ca. 1 500 mm eingesetzt. Die Steuerung ist für das Schutzgasschweißen ausgelegt. Desweiteren ist genügend Speicherkapazität in Form eines Diskettenlaufwerkes vorhanden, um das komplette Werkstückspektrum abzudecken.

### 4.4.2 Schweißvorrichtungen und Trägerpalette

Die Schweißvorrichtungen werden weitgehend aus der bisherigen Fertigung übernommen. Für jeden Werkstücktyp ist jeweils nur eine Schweißvorrichtung vorhanden. Da sehr viele Werkstücke und damit auch die Spannvorrichtungen keine großen Baugrößen aufweisen, ist es möglich, mehrere Vorrichtungen auf einer Trägerpalette zu installieren (siehe Bild 4.4).

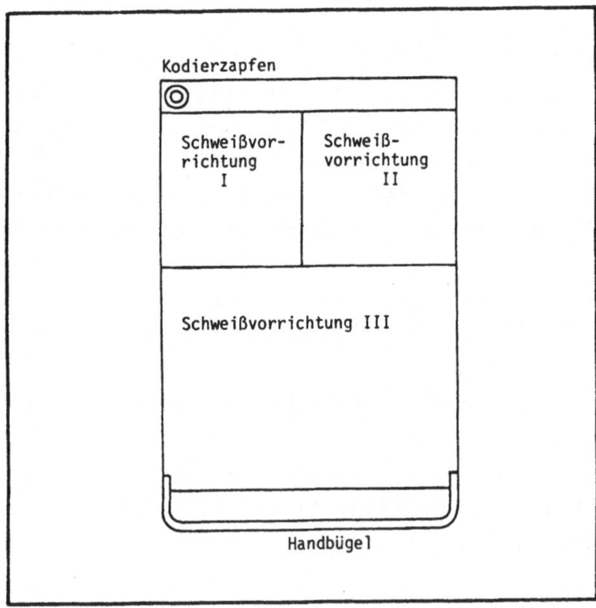


Bild 4.4: Trägerpalette mit 3 Schweißvorrichtungen (Prinzipskizze)

Die Fixierung der Werkstücke in den Schweißvorrichtungen erfolgt mit manuellen Kniehebelspannern. Die Trägerpalette selbst besteht aus einer Stahlgrundplatte mit den Abmessungen 500 mm x 750 mm und einem Handbügel. Zur Führung der Palette auf der Querverfahrschiene sind mittig unterhalb der Palette zwei Kugellager montiert.

Mittels eines Kodierzapfens mit einstellbaren Exzenterscheiben ist jede Palette in der Schweißstation identifizierbar.

### 4.4.3 Schweißvorrichtungslager

Das Schweißvorrichtungslager ist im Paternosterprinzip realisiert und hat eine Kapazität von 150 Normpaletten (500 mm x 750 mm). Es befindet sich zwischen den beiden Industrieroboterzellen. Die Maße des Umlaufregals betragen 4000 mm Breite, 6000 mm Höhe und 2500 mm Tiefe.

Wird eine bestimmte Palette benötigt, kann der Bediener per Vorwahlschaltung die Palette ansteuern. Das Paternosterregal bringt dann die Palette automatisch in das Ausschleusfenster vor der Querverfahrschiene. Von dort kann der Bediener die Palette manuell auf die Querverfahrschiene ziehen.

### 4.4.4 Querverfahrschiene

Die Querverfahrschiene verbindet das Paternosterregal mit den beiden Schweißroboterzellen. Die Höhe beträgt 750 mm, sodaß dem Bedienungsmann eine gute Palettenhandhabung ermöglicht wird. Die Querverfahrschiene besteht aus 2 U-Profilträgern mit eingesetzten Kugelrollen (vergl. Bild 4.5). Eine automatische Palettenfördereinrichtung ist nicht vorgesehen, sondern der Transport soll manuell erfolgen.

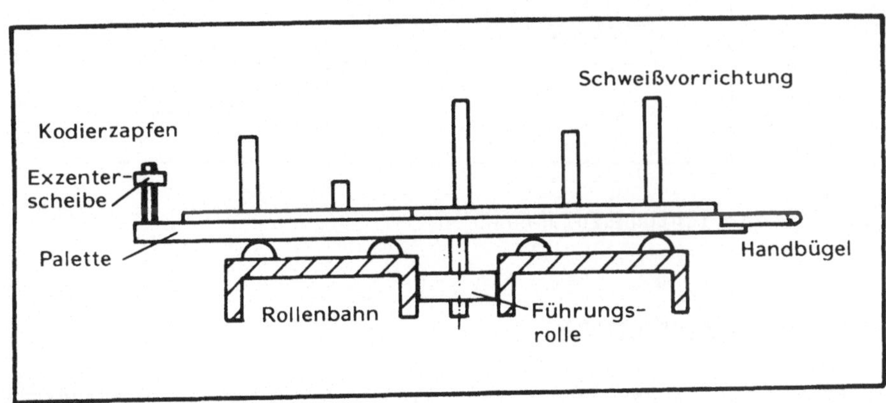


Bild 4.5: Querverfahrschiene (Prinzipskizze)

### 4.4.5 Vorrichtungszuführbahnen

An jeder Industrieroboterzelle stehen zwei Schweißvorrichtungszuführbahnen zur Verfügung (siehe Bild 4.6).
Der Aufbau der Zuführbahnen entspricht der Querverfahrschiene. Zwischen den beiden U-Profilen der Zuführbahn befindet sich jeweils eine Kugelrollspindel an der ein pneumatischer Greifer installiert ist. Dieser Greifer erfaßt die Palette mit einem Dorn und fördert sie vor den IR. Dort stößt die Palette an zwei Anschläge und wird positioniert. Gleichzeitig wird die Palette identifiziert und dadurch das entsprechende Schweißprogramm von der Diskette auf den IR überspielt (vgl. Kap. 4.5).

Das Startsignal für das Einschleusen der Palette wird vom Bediener durch eine Zweihandschaltung ausgelöst.

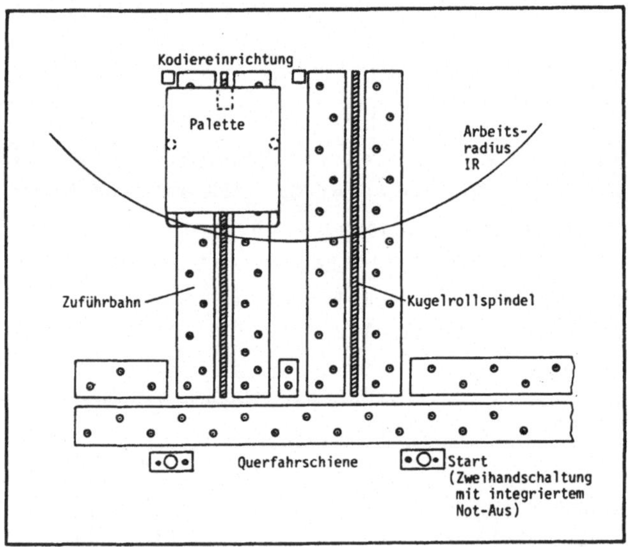


Bild 4.6: Vorrichtungszuführbahnen

### 4.4.6 Schweißausrüstung

Die Auswahl der Schweißausrüstung ist entsprechend den Erfordernissen Werkstückparameter, Industrierobotereinsatz, usw. ausgelegt. (Programmierbare Schweißstromquelle).

## 4.4.7 Sicherheitskomponenten

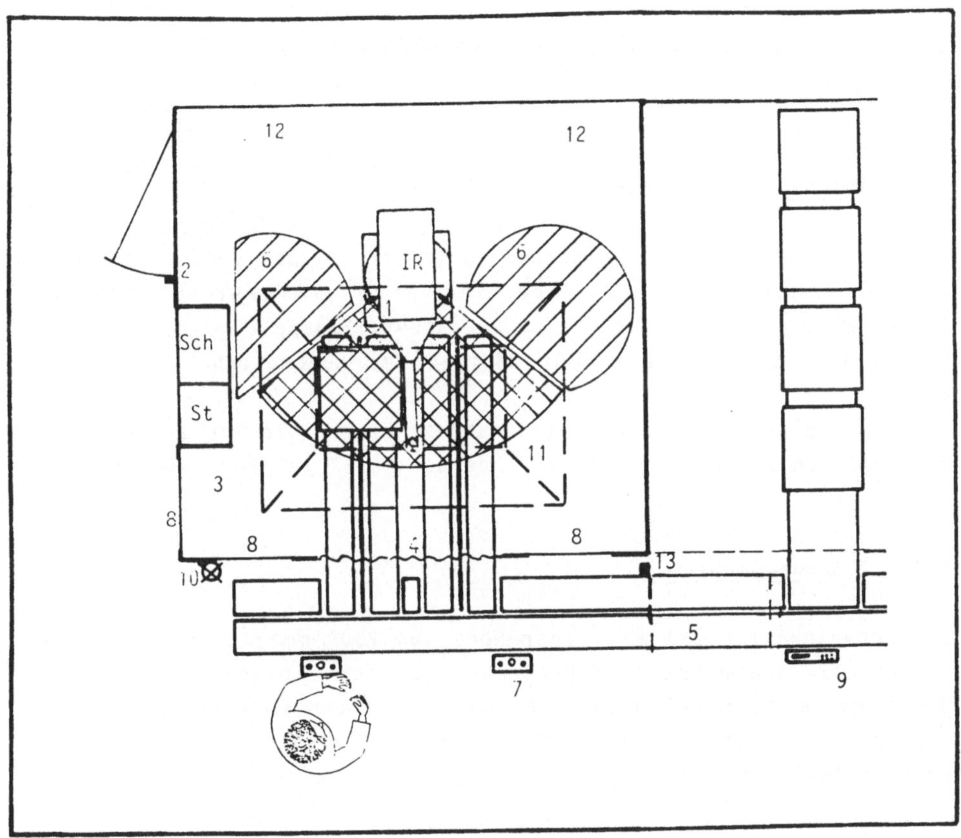


Legende:
1 = Arbeitsraumbegrenzung für Industrieroboter
2 = Türsicherungsschalter
3 = Kabine
4 = Blendschutz
5 = Durchgang zum Paternoster
6 = Programmierplatz
7 = Zweihandschalter mit Not-Aus
8 = getöntes Sichtfenster
9 = Programmierung für den Paternoster
10 = Signallampen
11 = Abzugshaube
12 = Ablagemöglichkeit für Handprogrammiergerät
13 = Lichtvorhang zur Paternosterabsicherung

Bild 4.7: Sicherheitseinrichtungen am Industrierobotersystem

Bild 4.7 zeigt in Teilansicht das Industrierobotersystem mit den integrierten Sicherheitseinrichtungen.

Nachfolgend werden kurz die installierten Sicherheitseinrichtungen beschrieben.

#### 4.4.7.1 Arbeitsraumbegrenzung

Durch die mechanische Arbeitsraumbegrenzung (1) des Industrieroboters werden Schutzzonen (6) für den Programmierer geschaffen. Das Arbeitssystem ist durch eine überwachte Zugangstür (2) abgesichert. Beim Öffnen dieser Tür während des Automatikbetriebes, wird die Industrieroboterzelle zwangsweise abgeschaltet. Die Tür ist von außen angeschlagen und kann von innen ohne Schlüssel geöffnet werden.

#### 4.4.7.2 Schweißkabine

Die Schweißkabine (3) mit einer Höhe von 2300 mm ist aus Stahlblech hergestellt und weist 3 Sichtfenster (8) zur Prozeßbeobachtung auf. Damit keine Personen außerhalb der Industrieroboterzelle geblendet werden, ist im Bereich des Zuführ-/Entnahmefensters ein Lamellenvorhang installiert.

#### 4.4.7.3 Startschalter

Der Startschalter mit integriertem Not-Aus-Schalter ist als ortsbindende Schutzeinrichtung in Form einer Zweihandschaltung (7) (ZH1/456) ausgelegt.

#### 4.4.7.4 Not-Aus-Schalter

Die Not-Aus-Schalter (7) wirken jeweils auf den eindeutig festgelegten Teilbereich (z.B. Schweißzelle). Die Wirkung auf die Peripherie ist auch bei ausgeschalteter Industrierobotersteuerung gewährleistet.

#### 4.4.7.5 Signallampen

Zur besseren Prozeßüberwachung sind Signallampen für jede Zuführbahn vorhanden. Wird gerade geschweißt, leuchtet eine rote Lampe.

#### 4.4.7.6 Schweißrauchabsaughaube

Über dem Arbeitsbereich des Industrieroboters ist eine Schweißrauchabsaughaube (11) installiert. Durch die räumliche Trennung von Bediener und Industrieroboter in Kombination mit dem Lamellenvorhang wird erreicht, daß keine gesundheitsschädlichen Schweißrauche vom Bediener eingeatmet werden.

#### 4.4.7.7 Aufstellung des Steuerschranks und der Schweißstromquelle

Steuerschrank und Schweißstromquelle sind so angeordnet, daß sie von außerhalb der Schweißkabine bedient werden können.

#### 4.4.7.8 Lichtvorhang am Paternosterregal

Während der Verfahrbewegung des Paternosters ist der Lichtvorhang (13) eingeschaltet. Beim Greifen in den Gefahrenbereich wird der Paternoster sofort stillgesetzt. Gefahrenbringende Bewegungen durch selbständiges Anlaufen, bzw. selbständige Bewegungen durch Schwerkraft sind nicht möglich.

### 4.5 Beschreibung des Fertigungsablaufs am Werkstück "Quertraverse"

Die Einzelteile kommen, wie in der manuellen Fertigung, von der Vorfertigung zu Auftragspaketen zusammengestellt in das Zwischenlager "Vorfertigung". Dort entnimmt die Arbeitsgruppe "Schweißerei" aus ihrem Auftragspaket den Auftrag "Quertraverse" und bringt die Einzelteile zur Industrieroboterzelle. Daneben wird eine leere Transportpalette für die Fertigteile bereitgestellt. Der in der Arbeitsgruppe bestimmte Mitarbeiter für die Industrieroboterzelle wählt nun anhand der Laufkarte die Schweißvorrichtung im Paternoster an. Der Paternoster bringt die Schweißvorrichtung automatisch in die Nähe des Bedienungsmannes. Dieser schiebt die Schweißvorrichtung vor die Industrieroboterzelle und legt die Einzelteile in die Vorrichtung ein. Nach Freigabe der Schweißvorrichtung wird sie automatisch in die Schweißposition vor den Industrieroboter gebracht. Anhand des Kodierzapfens an der Palette wird die Schweißvorrichtung erkannt und das Schweißprogramm von der Diskette in die Steuerung des Industrieroboters eingespielt. Das Ausschweißen der Quertraverse erfolgt mit dem Industrieroboter automatisch. Nach dem Schweißen fährt die Spannvorrichtung wieder automatisch in die Entnahmeposition. Die Quertraverse wird entnommen und auf einer Transportpalette abgelegt. Sind Schleifarbeiten an den Quertraversen erforderlich, werden diese in die Schleifkabine gebracht und nachbearbeitet. Nach der Fertigstellung werden sie in das Zwischenlager "Schweißfertigteile" gebracht.

## 4.6 Veränderung der Arbeitsorganisation

Wie in Kap. 4.2.3 bereits angesprochen, sind wichtige Kriterien für die neue Arbeitsorganisation der verringerte Steuerungsaufwand und verbesserter Ausgleich von Störungen. Diese Forderungen können durch das Konzept Fertigungsinsel am besten erfüllt werden. Innerhalb der Fertigungsinsel werden alle Arbeiten von der Entnahme der Werkstücke aus dem Zwischenlager "Rohteile" bis zur Einlagerung der fertigen Baugruppen in das Zwischenlager "Schweißfertigteile" in eigener Regie und Verantwortung von einer Arbeitsgruppe ausgeführt. Im Unterschied zu der bisherigen Fertigungssteuerung führt die Arbeitsvorbereitung nur noch eine Rumpfsteuerung durch. Es wird dafür gesorgt, daß sich im Zwischenlager "Rohteile" immer ein Auftragsumfang von ca. einer Woche befindet. Die Reihenfolge der Aufträge legt die Gruppe weitgehend selbständig fest. Um eine Terminsicherung zu gewährleisten, wird alle drei Tage der Bearbeitungsstand durch die Arbeitsvorbereitung abgefragt. Über ein Terminal, das sich im bisherigen Meisterbüro befindet, kann die Gruppe Daten zur Fertigungssteuerung abrufen und eingeben. Die Liegezeit jedes einzelen Auftrages im Zwischenlager "Rohteile" wird nach dem Eingang ständig aktualisiert und angezeigt. Dadurch wird vermieden, daß die Liegezeiten eine Woche überschreiten. Der Zieltermin für den Versand zum Hauptwerk wird von der Arbeitsvorbereitung angegeben und muß von der Arbeitsgruppe eingehalten werden.

Die bisher vorhandene Möglichkeit, alle unterschiedlichen Baugruppen eines Produktes parallel zu schweißen und damit gleichzeitig fertigzustellen, ist auch bei der Neukonzeption gegeben. Jede Schweißstation verfügt über zwei Einzugsbahnen, so daß im Wechsel vier verschiedene Trägerpaletten bearbeitet werden können. Da bei kleinen Werkstücken die Trägerpaletten mit mehreren Vorrichtungen bestückt sind, ergibt sich noch eine zusätzliche Kapazitätserweiterung. Nach der Fertigstellung werden die Baugruppen in das Zwischenlager "Schweißfertigteile" gebracht und können lackiert oder verschickt werden.

Die Arbeitsgruppe zur Betreuung der Fertigungsinsel besteht aus 5 Personen, von denen ein Mitarbeiter die Koordination mit den anderen Abteilungen übernimmt. Der Meister, der bisher die mechanische Fertigung und Schweißerei betreute, gibt die Zuständigkeit für die Schweißerei auf, da die Gruppe seine Funktion übernimmt.

Die Arbeitsverteilung innerhalb der Gruppe soll so erfolgen, daß jeder Arbeiter reihum an allen Arbeitsplätzen eingesetzt wird und dadurch seine Kenntnisse und Fähigkeiten dauernd auf dem Laufenden hält. Bei Krankheit oder Urlaub können Vertretungsprobleme so am ehesten vermieden werden.

Zusätzlich zu den in Kap. 4.5 beschriebenen Tätigkeiten kommt noch das Programmieren der Industrieroboter bei neuen Werkstücken hinzu. Diese Tätigkeit wird von allen Gruppenmitgliedern beherrscht, die dazu einen Schulungskurs beim IR-Hersteller besucht haben. Auch kleinere Instandhaltungsaufgaben (wie z.B. Schweißdraht-Vorschubrollenwechsel oder Schlauchpaketwechsel) und die Beseitung von Störungen wird von der Gruppe übernommen, sofern sie nicht in den Zuständigkeitsbereich der Instandhaltungsabteilung fallen.

Größere Verantwortung und größerer Entscheidungsspielraum haben höhere Motivation der Mitarbeiter zur Folge und führen dazu, daß ein störungsfreierer Ablauf gewährleistet wird. Schwierigkeiten sind jedoch von anderer Seite zu erwarten.

In der Einführungsphase muß damit gerechnet werden, daß von Seiten der Arbeitsvorbereitung oder des Meisters Widerstände gegenüber der Abgabe von Kompetenzen entwickelt werden. Daher ist eine frühzeitige und offene Diskussion des neuen Fertigungskonzeptes erforderlich.

## 4.7 Verbesserung der Arbeitsbedingungen

Der Abbau körperlicher Belastungen, die Verringerung des Lärms und die Absaugung des Schweißrauches und des Schleifstaubes müssen erreicht werden, um die Arbeitsbedingungen zu verbessern.

a) Körperliche Belastungen

Durch den Einsatz des Vorrichtungspaternosters und der Zuführbahnen für die Schweißvorrichtungen entsteht erhebliche körperliche Entlastung, da das Umrüsten bisher mit schwerer körperlicher Arbeit verbunden ist. In der Schleifkabine befinden sich folgende Einrichtungen zur Erleichterung der körperlichen Arbeit:

* Säulenschwenkkran zur Teilebereitstellung
* kippbarer Verschleiftisch
* Hebe-Kippgerät zur Teilebereitstellung

In der Kabine zum manuellen Schweißen befindet sich ebenfalls ein Säulenkran zur Handhabung schwerer Werkstücke.

b) Verringerung des Lärms

Die größte Lärmquelle stellt das Verschleifen der Schweißnähte dar. Um die Lärmausbreitung zu verhindern, wird eine geschlossene Schallschutzkabine aufgebaut, in der sich der Schleifplatz befindet. Die jeweils in dieser Kabine arbeitende Person muß persönlichen Lärmschutz tragen.

c) Absaugungen von Schweißrauch und Schleifstaub

Die Absaugung von Schweißrauch muß sowohl am IR-System als auch am manuellen Schweißplatz durchgeführt werden.

Über dem Industrieroboter wird eine Absaughaube angebracht, durch die der entstehende Rauch aufgefangen wird. Da niemand in unmittelbarer Nähe arbeitet, kann mit hoher Saugleistung gearbeitet werden. In der Schleifkabine wird die Absaugung entsprechend Bild 4.8 verwirklicht. Durch dieses Prinzip wird eine hohe Saugleistung ermöglicht, ohne daß die Zugluft störend wirkt.

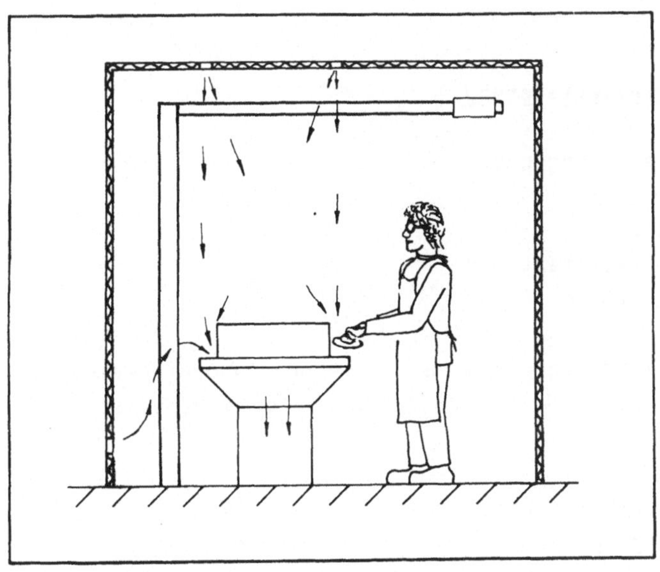

Bild 4.8: Zugfreie Luftführung in der Schleifkabine

# 5 TYP 4

## 5.0 Charakterisierung

Die Rahmenbedingungen der Fertigung beim Typ 4 sind:

- kleine Losgröße,
- große Teilevielfalt und
- große Werkstücke.

Welche Arbeitsbedingungen der Typ 4 ohne ausreichende Berücksichtigung menschengerechter Arbeitsgestaltung häufig aufweist, ist in Kapitel 1.1 dargestellt.

Aus technisch-wirtschaftlicher Sicht bestehen die besonderen Probleme dieses Fertigungstyps in den hohen Anforderungen an die Flexibilität, da relativ viele verschiedene Werkstücke in häufigem Wechsel gefertigt werden müssen. Von besonderer Wichtigkeit ist auch der technische und finanzielle Aufwand für die Vorrichtungen. Die im folgenden Einsatzbeispiel beschriebene Lösung ist in dieser Hinsicht sehr kostengünstig, weil für jeden Werkstücktyp nur jeweils eine Vorrichtung zum Heften benötigt wird. Für das Ausschweißen durch Industrieroboter ist außer der Werkstückaufnahme auf den Transportpaletten keine weitere Vorrichtung erforderlich. Eine solche Lösung ist allerdings nur dann möglich, wenn das Werkstück in einer Aufspannung geschweißt werden kann.

## 5.1 Allgemeines zur Firma

Ein mittelständisches Unternehmen mit ca. 600 Mitarbeitern hat ein Produktionsprogramm, das Straßenbau-, Landwirtschafts- und Sonderfahrzeuge umfaßt.

Im Bereich der Fahrerkabinenfertigung soll die Schweißerei im Rahmen von Modernisierungsmaßnahmen technisch und organisatorisch neu gestaltet werden. Die Probleme in der Schweißerei liegen vor allem in der großen Werkstückvielfalt, den verhältnismäßig großen Abmessungen der Kabinen und den kleinen Losgrößen.

Im Zuge früherer Rationalisierungsbemühungen sind die Einzelteile bereits soweit standardisiert worden, daß die Kabinen heute in Modellreihen hergestellt werden können. Eine weitere Verringerung der Anzahl verschiedener Kabinentypen ist deshalb nicht weiter durchführbar. Zur Zeit werden im Einschichtbetrieb ca. 15 Grundtypen mit einer Jahresstückzahl von insgesamt 3.000 Stück hergestellt. Die durchschnittliche Losgröße beträgt ca. 10 Kabinen. Angesichts der großen Werkstückabmessungen handelt es sich dabei um eine relativ große Teilevielfalt.

Die Produktionskapazität soll ohne Schichtausweitung auf 4.000 Stück erhöht werden.

## 5.2 Ist-Fertigung

Nachstehend wird geschildert wie die Schweißerei strukturiert und in die Gesamtfertigung eingebunden ist. Außerdem wird näher auf das Produkt und die für seine Herstellung erforderlichen Arbeiten eingegangen.

### 5.2.1 Produktionseinrichtungen

Die Fahrerkabinen werden in einer langgestreckten Halle gefertigt. Die Fertigung gliedert sich in drei Bereiche: Mechanische Fertigung, Schweißerei und Lackiererei. Die Schweißerei selbst ist zwischen die beiden anderen Fertigungsbereiche eingebunden. In Bild 5.1 ist ein grobes Layout der Schweißerei dargestellt.

In den Fertigungsbereichen, die der Schweißerei vorgelagert sind, wird ein großer Teil der benötigten Rohteile von der Firma selbst hergestellt. Der Rohteilbestand umfaßt Einzelteile wie Profile, Bleche und Kleinteile, die in der Vorfertigung zugeschnitten, gebogen, gebohrt, gestanzt und gerichtet werden. Die verschiedenen Einzelteile sind auf der Rohbauzeichnung einer typischen Fahrerkabine in Bild 5.2 zusammengestellt.

In der nachgeschalteten Lackiererei werden die aus der Schweißerei kommenden fertigbearbeiteten Fahrerkabinen an einen Power-and-Free-Schleppförderer gehängt. Nach dem Waschen und Phosphatieren werden sie grundiert und mit Decklack beschichtet.

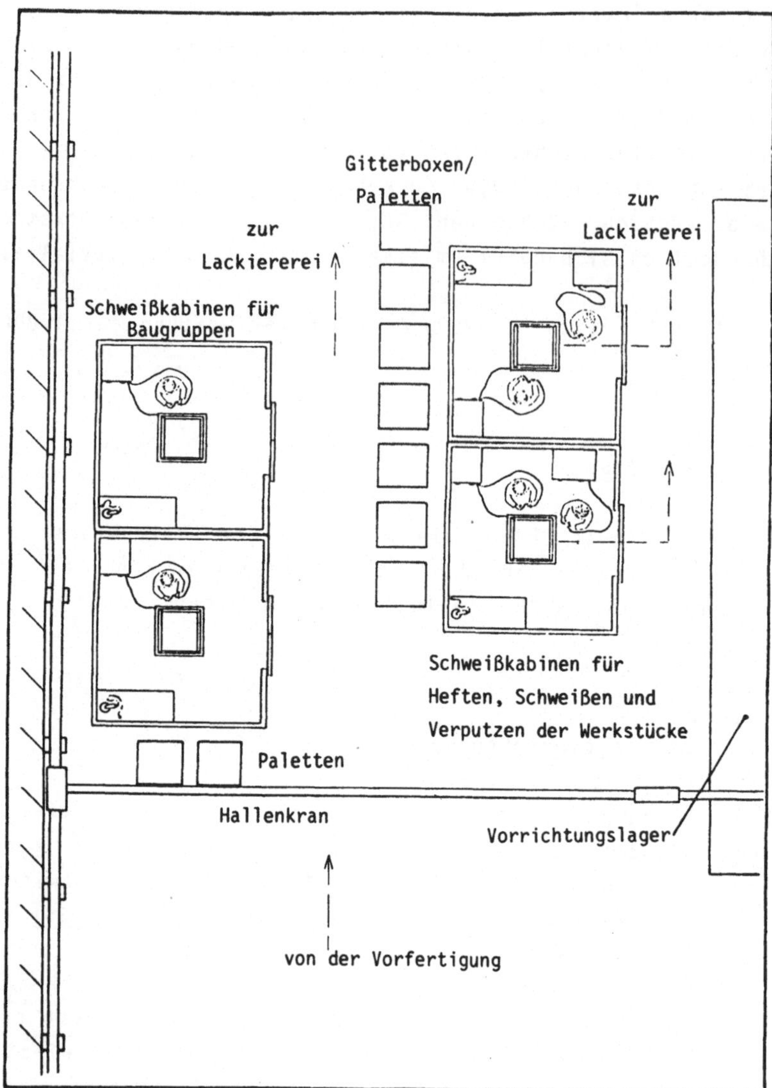


Bild 5.1: Layout der Schweißerei

In der Schweißerei werden neben einem markierten Gang in zwei kleineren Schweißkabinen Einzelbaugruppen wie Radabdeck- und Bodenbleche in mechanischen Spannvorrichtungen geheftet und zum Teil gleich ausgeschweißt. Auf der anderen Seite des Ganges befinden sich zwei große Schweißkabinen, in denen die Rohteile und vorgeheftete bzw. vorgeschweißte Baugruppen unter Verwendung von großen Spannvorrichtungen geheftet, ausgeschweißt sowie verputzt werden. Die jeweils benötigten Vorrichtungen werden aus einem zentralen Vorrichtungslager entnommen, das direkt neben den großen Schweißkabinen untergebracht ist.

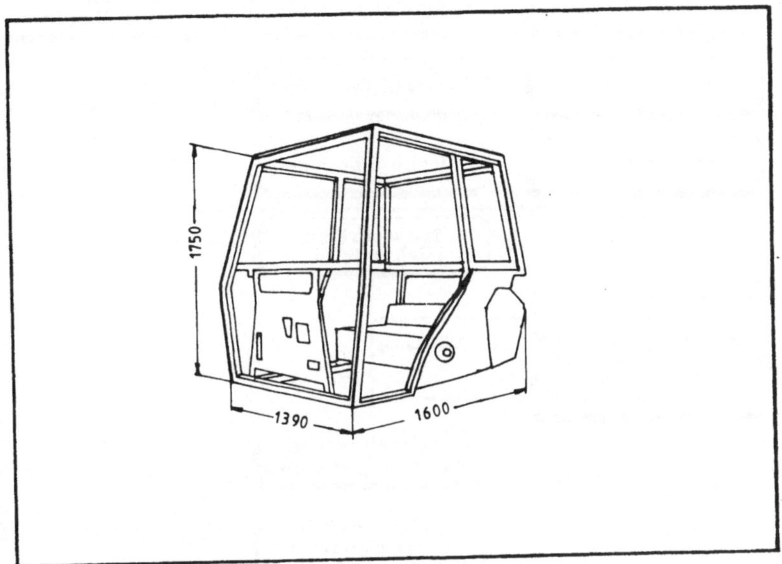


Bild 5.2: Fahrerkabine

Die großen Spannvorrichtungen und fertigbearbeiteten Rohbaukabinen werden mit einem flurbedienten Hallenkran umgesetzt, der alle drei Fertigungsbereiche Vorfertigung, Schweißerei und Lackiererei überspannt.
Die Versorgung mit Rohteilen erfolgt über Gitterboxen bzw. Paletten, die mit Gabelstapler oder Hubwagen zu den einzelnen Arbeitsplätzen gebracht werden.

### 5.2.2 Fertigungsablauf

Betrachtet man die gesamte Fertigung, wie sie zuvor beschrieben worden ist, dann sieht der durchgängige Fertigungsablauf wie in Bild 5.3 dargestellt aus.

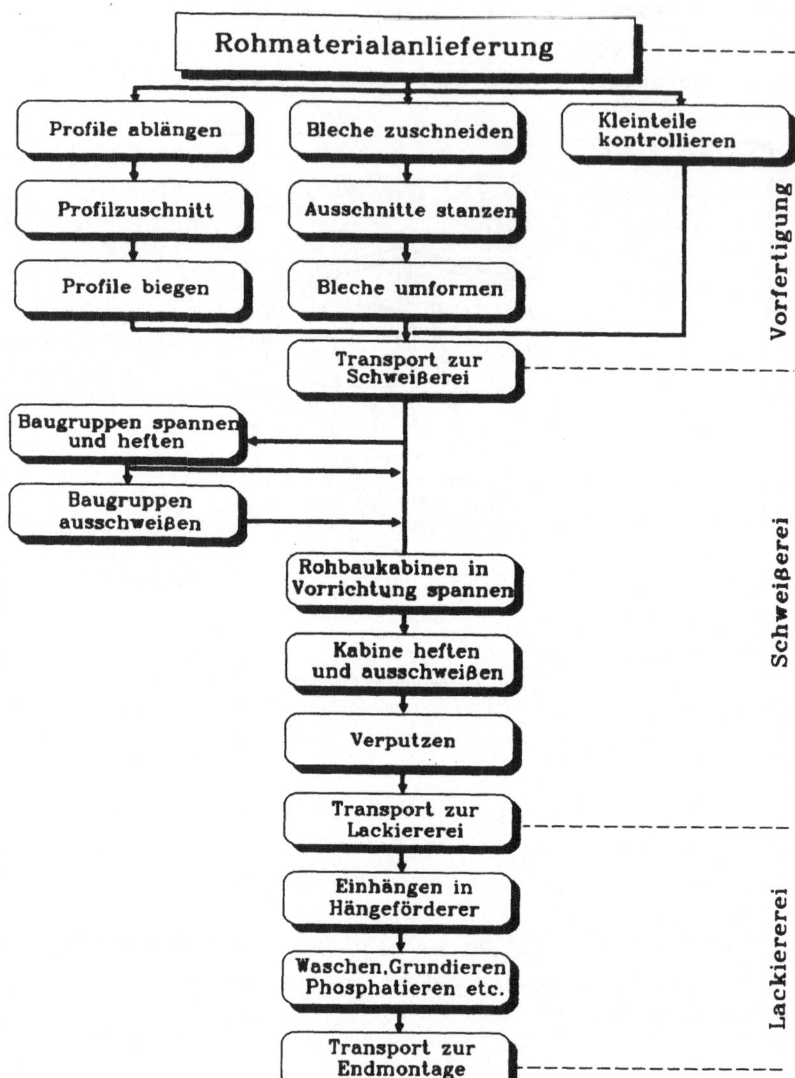


Bild 5.3: Fertigungsablauf im Ist-Zustand

Pro Schweißkabine wird ca. alle 70-90 Minuten eine Fahrerkabine im Rohbau fertiggestellt, so daß die Taktzeit insgesamt ca. 35-40 Minuten beträgt. Aus Kapazitätsgründen müssen daher mindestens zwei Schweißer gleichzeitig in jeder der beiden Schweißkabinen arbeiten.

### 5.2.3 Arbeitsorganisation und Arbeitsbelastung

In der Schweißerei sind sechs Arbeitnehmer beschäftigt. Die Fertigungsaufträge werden von der Arbeitsvorbereitung festgelegt und an den Meister weitergegeben. Dieser bestimmt die Besetzung der Arbeitsplätze. Von den Schweißern selbst sind keine Entscheidungen hinsichtlich der Fertigungssteuerung zu treffen. Das Heranbringen von Material und Vorrichtungen geschieht durch einen Transportarbeiter, der im wesentlichen auf Anweisung des Meisters arbeitet. Es hat sich gezeigt, daß durch diese Art der Aufbauorganisation, bei der die Arbeitsvorbereitung eine zentrale Stellung einnimmt, ein relativ hoher Aufwand für die Fertigungssteuerung entsteht. Alle Abläufe müssen genau geplant und zeitlich eingehalten werden. Wenn an einer Stelle Störungen entstehen, setzen sie sich durch alle folgenden Abteilungen fort. Das Ziel hoher Flexibilität und Produktivität wurde bisher nicht zufriedenstellend erreicht.

Daher soll mit der Installation des Roboter-Schweißsystems auch die Arbeitsorganisation in Richtung auf mehr Flexibilität verändert werden.

Hinsichtlich der internen Organisation der Schweißerei bestehen sechs Arbeitsplätze in vier Schweißzellen.
Die Baugruppen werden in zwei Zellen in Einzelarbeit hergestellt, während der Aufbau der Fahrerkabinen in den anderen beiden Zellen jeweils von zwei Arbeitnehmern vorgenommen wird.

Es treten die beim Schweißen bekannten Belastungen auf. Insbesondere bei langen Nähten entstehen hohe Belastungen durch statische Haltearbeit des Armes, der die Schweißpistole führt. Außerdem sind hohe Konzentrationsanforderungen vorhanden sowie die Einschränkung der Wahrnehmung auf den engen Bereich des Lichtbogens.

Im Bereich der großen Schweißzellen, in denen die Fahrerkabinen gefertigt werden, bestehen besondere Probleme hinsichtlich der Schweißrauchabsaugung, da wegen der erforderlichen Zugänglichkeit für den Hallenkran keine Absaughaube installiert werden konnte. Ein weiteres Problem betrifft die Beeinträchtigung durch Blendung und Schleifspritzer bei der Arbeit zu zweit in den großen Schweißzellen.

Wegen der Größe der Werkstücke sind z.T. Überkopfarbeiten erforderlich. Außerdem kommt es zu Verbrennungsgefahren durch fertige Schweißnähte.

## 5.3 Soll - Fertigung

Die Umgestaltung der Schweißerei hat in erster Linie eine Kapazitätsausweitung zum Ziel. Der zentrale Ausgangspunkt für die Umgestaltung ist dabei die Automatisierung des Ausschweißens der Fahrerkabinen. Die Neukonzeption der Schweißerei mit der integrierten Schweißzelle ist in den folgenden Abschnitten beschrieben.

### 5.3.1 Gesamtsystem

Das Layout des Gesamtsystems zeigt Bild 5.4.

#### 5.3.1.1 Technische Beschreibung

Die neu strukturierte Schweißerei wird wieder im alten Arbeitsbereich aufgebaut. Aufgrund eines erhöhten Platzbedarfs wird ein Teil der Vorfertigung ausgegliedert. Außerdem wird der Gang etwas verlegt und aus Gründen der Zugänglichkeit das Vorrichtungslager direkt neben dem Gang an der Hallenwand neu aufgebaut. Das Vorrichtungslager enthält nur noch große Spannvorrichtungen, in denen die Kabinen komplett mit allen Einzelteilen geheftet werden können.

Die Versorgung der Schweißerei mit Rohteilen erfolgt nach wie vor über Gitterboxen und Paletten, die mit Gabelstapler bzw. Hubwagen transportiert werden. Lediglich die Verfügbarkeit des Hallenkrans wird durch einen zweiten Elektrohebezug, der auf einer weiteren Quertraverse verfahren werden kann, verdoppelt. Dies ist erforderlich, weil in zwei getrennten Produktionslinien mit je drei Arbeitsplätzen gefertigt wird. In jeder der beiden Produktionslinien werden zur gleichen Zeit zwei verschiedene Werkstücke bearbeitet, weshalb pro Kabinentyp nur eine große Spannvorrichtung benötigt wird. Insgesamt sind sechs manuelle Arbeitsplätze vorhanden:
Vier Heftarbeitsplätze, wo die Rohteile in die jeweilige Spannvorrichtung eingelegt und geheftet werden, sowie zwei Nacharbeitsplätze, an

denen die geschweißten Fahrerkabinen nachgeschweißt und verputzt werden. Der gemeinsame Verknüpfungspunkt zwischen den beiden Produktionslinien ist eine automatische Schweißzelle, die über ein Staurollenband von jeder Produktionslinie aus im Wechsel beschickt werden kann.

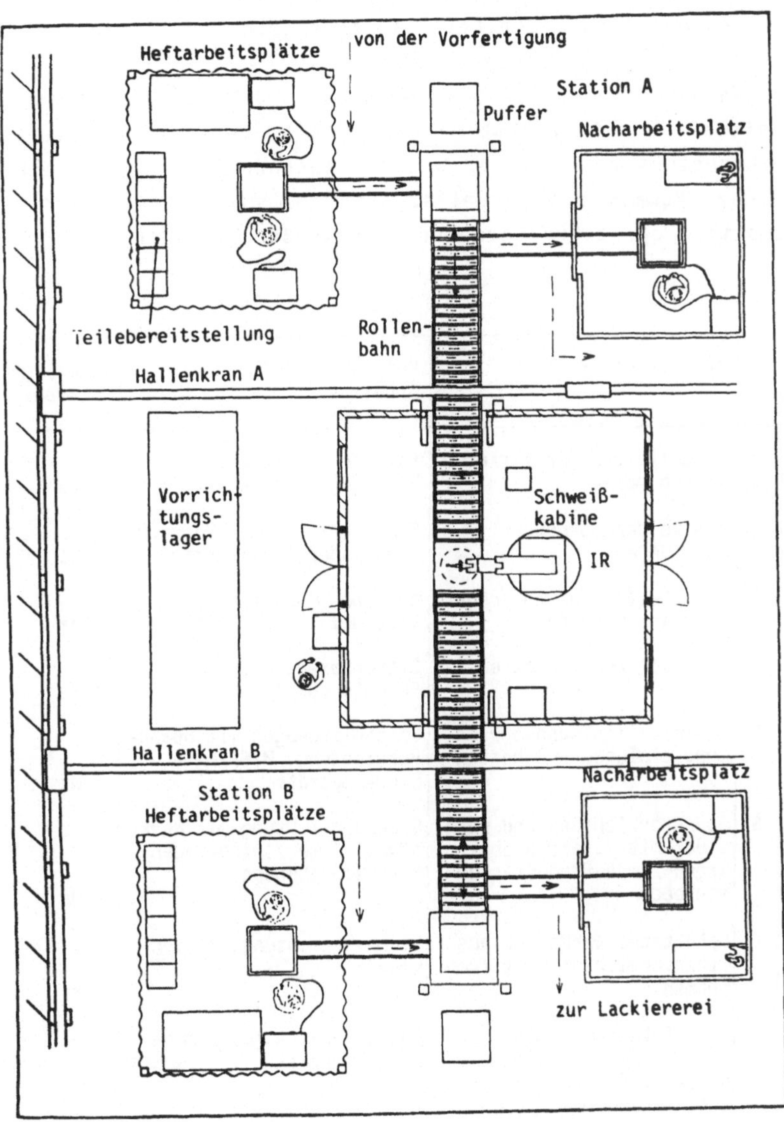


Bild 5.4: Layout der Soll-Schweißerei (Gesamtsystem)

5.3.1.2 Fertigungsablauf

Der gesamte Fertigungsablauf in der neuen Schweißerei ist für eine der zuvor beschriebenen Produktlinien in Tabelle 5.1 dargestellt. Neben den einzelnen Arbeitsschritten sind die jeweils verwendeten Betriebsmittel und die Anzahl der beteiligten Mitarbeiter aufgeführt.

Zur Ergänzung der Tabelle 5.1 sei gesagt, daß im Durchschnitt gesehen die Heftzeit pro Fahrerkabine ca. 45 min. beträgt, die Taktzeit des Schweißroboters ca. 25 min. und die Nacharbeit und Kontrolle ca. 35 min.. Dazu kommen noch Arbeitszeiten für die Materialversorgung und das Umsetzen der gehefteten und geschweißten Kabinen.

| Nr. | Arbeitsschritt | Betriebsmittel, Arbeitsstation | Beteiligte Mitarbeiter |
|---|---|---|---|
| 1* | Rohteile aus der Vorfertigung holen | Palette, Gitterbox, Hubwagen, Gabelstapler | 1 Ma |
| 2* | Rüsten der Spannvorrichtungen | Spannvorrichtung, Vorrichtungslager, Hallenkran | 2 Ma |
| 3* | Aufgabestation und Trägerplatten umrüsten | Aufgabe (Hub- und Senkstation), Trägerplatte | 1 Ma |
| 4* | Material bereitstellen | Gitterboxen, Paletten, Schweißkabine | 1 Ma |
| 5 | Rohteile in Spannvorrichtung einlegen und heften | Verschiebewagen mit Spannvorrichtung, MIG-/MAG-Schweißgeräte | 2 Ma |
| 6 | Spannvorrichtung und Werkstück mit 1.Verschiebewagen zur Aufgabestation schieben | Spannvorrichtung mit Werkstück, 1.Verschiebewagen, 1.Verschiebebahn | 2 Ma |
| 7 | Geheftetes Werkstück aus Spannvorrichtung mit Kran nehmen | Spannvorrichtung, Hallenkran | 2 Ma |
| 8 | Geheftetes Werkstück auf Ablage (Puffer) bzw. direkt auf Aufgabevorrichtung setzen (manuelle Freigabe) | Ablage bzw. Aufgabe Hub- und Senkstation, Hallenkran | 2 Ma |

| Nr. | Arbeitsschritt | Betriebsmittel, Arbeitsstation | Beteiligte Mitarbeiter |
|---|---|---|---|
| 9 | Automatischer Werkstücktransport in die Schweißzelle, Ausschweißen mit Industrieroboter, automatischer Rücktransport | Hub- und Senkstation, Palette, Staurollenband, Hubdrehtisch, Schweiß-Industrieroboter, Kabinen | - |
| 10 | Geschweißtes Werkstück in Entnahmeposition von Palette nehmen und auf 2. Verschiebewagen abstellen | Palette, Hallenkran, 2. Verschiebewagen | 1 Ma |
| 11 | Werkstück mit 2. Verschiebewagen in die Nacharbeitskabine bringen | 2. Verschiebewagen, 2. Verschiebebahn, Nacharbeitskabine | 1 Ma |
| 12 | Schweißnähte kontrollieren und schwer zugängliche Stellen manuell ausschweißen | MIG/MAG-Handschweißgerät, Nacharbeitskabine, 2. Verschiebewagen | 1 Ma |
| 13 | Schweißnähte verputzen | Winkelschleifer, Rotationsbürste, etc. und wie zuvor | 1-2 Ma |
| 14 | Fertigbearbeitete Fahrerkabine mit 2. Verschiebewagen aus der Nacharbeitskabine schieben und mit Hallenkran aufnehmen | 2. Verschiebewagen, 2. Verschiebebahn, Hallenkran | 1 Ma |
| 15 | Fertige Rohkabine mit Hallenkran zur Lackierei transportieren | Hallenkran, Hebegeschirr | 1 Ma |
| Pro Arbeitsgruppe: 3 Mitarbeiter | | | |

* Arbeitsschritte 1-4 sind nur bei Loswechsel erforderlich

Tabelle 5.1 Fertigungsablauf in der neuen Schweißerei

#### 5.3.1.3 Arbeitsorganisation

##### Gruppenarbeit

Im Gegensatz zu der bisherigen, hierarchischen Form der Aufbauorganisation wird eine Struktur geschaffen, die den einzelnen Arbeitnehmern mehr Handlungs- und Entscheidungsspielräume eröffnet, den Aufwand für die Fertigungssteuerung verringert, mehr Flexibilität schafft und die Durchlaufzeiten verringert. Dazu wird das Gesamtsystem von zwei Dreiergruppen betreut, die in den beiden Produktionslinien jeweils unterschiedliche Fahrerkabinen fertigen. Eine weitere Person übernimmt die Koordination zwischen den Gruppen und die Überwachung des Industrieroboter-Systems.

Die Fertigungssteuerung wird zwischen den Arbeitsgruppen und der Arbeitsvorbereitung aufgeteilt. Die Arbeitsvorbereitung gibt einen mehrtägigen Rahmen vor, innerhalb dessen die Arbeitsgruppen Spielräume für die Festlegung der Auftragsreihenfolge besitzen. Die beiden Produktionslinien stimmen sich über die Auftragsverteilung ab, können dann aber relativ selbständig arbeiten, so daß die wesentlichen Abstimmungen innerhalb der Dreiergruppen erfolgen.

Nachdem von der Arbeitsvorbereitung ein Auftragsblock an die beiden Gruppen weitergegeben wurde, verständigen sie sich intern über die Bearbeitungsreihenfolge. Wichtiges Kriterium ist dabei die Vermeidung von Stillstandszeiten, daher sollten in den beiden Produktionslinien möglichst nur solche Werkstücke gleichzeitig bearbeitet werden, die ähnliche Fertigungszeiten aufweisen. Die Gruppen nehmen anschließend Verbindung mit der mechanischen Fertigung auf und geben an, welches Material zu welchem Zeitpunkt benötigt wird. Anschließend werden die manuellen Arbeitsplätze (Heftvorrichtung auf Verschiebewagen) und das Industrieroboter-System (Aufgabestation, Transportpalette, Industrieroboter-Programm, Schweißparameter, Schweißdraht) auf das erste Werkstück umgerüstet. Die folgenden Arbeitsschritte werden von den beiden Gruppen unabhängig voneinander ausgeführt.

Nachdem das Material bereitgestellt ist, wird die Fahrerkabine in der großen Schweißzelle von zwei Arbeitern in einer Vorrichtung aufgebaut und geheftet (Bild 5.5 und Tabelle 5.1). Die Taktzeit des Industrieroboter-Systems beträgt 25 min., so daß für das Heften der Kabinen in den beiden Produktionslinien jeweils 50 min. zur Verfügung stehen. Beide Arbeiter kennen das Werkstück genau und sind in der Lage, alle erforderlichen Tätigkeiten auszuführen, wobei sie sich gegenseitig ergänzen bzw. unterstützen.

Die Vorrichtung befindet sich auf einem Verschiebewagen und kann aus der Schweißzelle herausgerollt werden. Auf diese Weise muß die

die Schweißzelle nicht für den Kran zugänglich sein, und es kann über dem Schweißbereich eine Absaughaube angebracht werden.

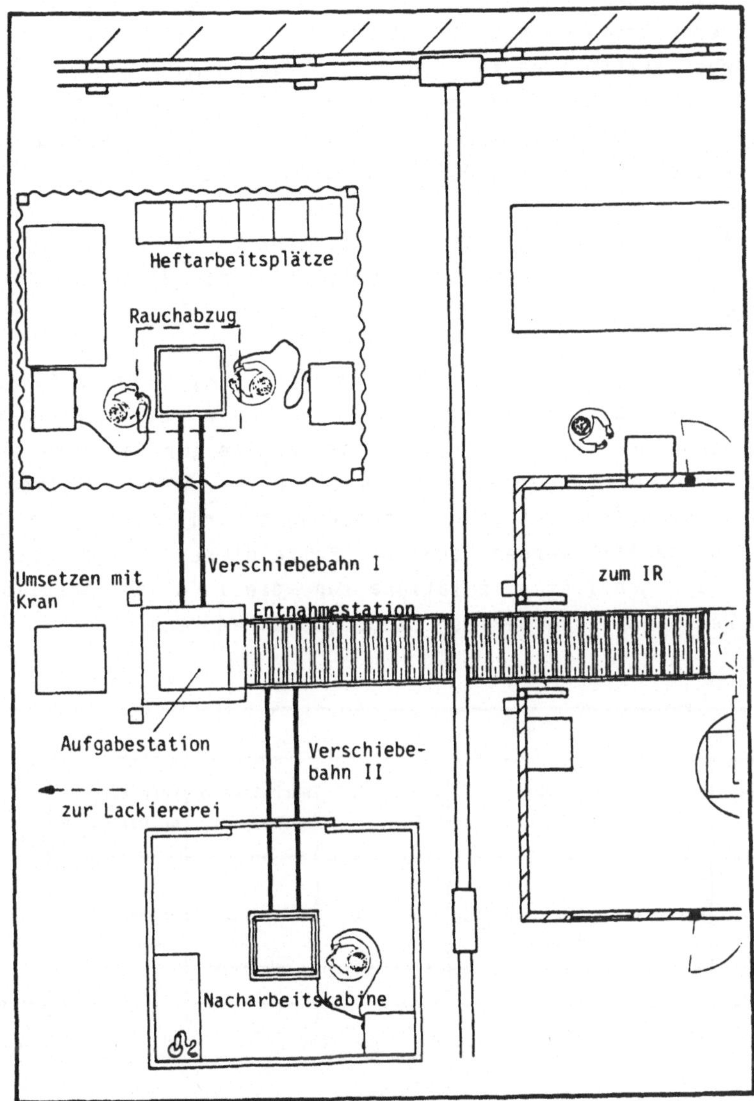


Bild 5.5: Fertigungsfluß innerhalb einer Arbeitsgruppe (Gesamtlayout siehe Bild 5.8)

Nachdem die Fahrerkabine fertiggeheftet ist, wird sie in der Vorrichtung vor die Aufgabestation geschoben und dort nach der Entnahme aus der Vorrichtung mit einem Kran übergesetzt. Während der erste Arbeiter die Vorrichtung zurückschiebt und mit dem Heften der nächsten Fahrerkabine beginnt, entnimmt der zweite Arbeiter die vom Industrieroboter-System fertiggeschweißte Fahrerkabine mit dem Kran und setzt sie auf einem weiteren schienengeführten Wagen ab. Er schiebt diesen Wagen in die Nacharbeitskabine und führt dort alle vor dem Lackieren erforderlichen Tätigkeiten aus. Dazu gehören Qualitätskontrolle, Schweißen einiger für den Industrieroboter unzugänglicher Nähte, Beseitigen von Schweißspritzern und Verschleifen von Sichtnähten.

Nach der Beendigung dieser Tätigkeit schiebt er das Werkstück aus der Nacharbeitskabine heraus und transportiert es mit Hilfe des Kranes zur Lackiererei.

Der dritte Arbeiter, der vor ihm die Nacharbeiten ausgeführt hat, nimmt nach der Ablieferung der Fahrerkabine in der Lackiererei den freigewordenen Arbeitsplatz in der Schweißzelle (Heften) ein. Auf diese Weise entsteht ein rotierender Wechsel der Arbeitsplätze (siehe Bild 5.6), der aber nicht starr aufgezwungen wird, sondern in eigener Entscheidung gewählt werden kann. Die Folge dieses Arbeitsplatzwechsels ist, daß jeder Arbeiter alle Tätigkeiten, die in dieser Abteilung manuell am Werkstück erforderlich sind, ausführen kann.

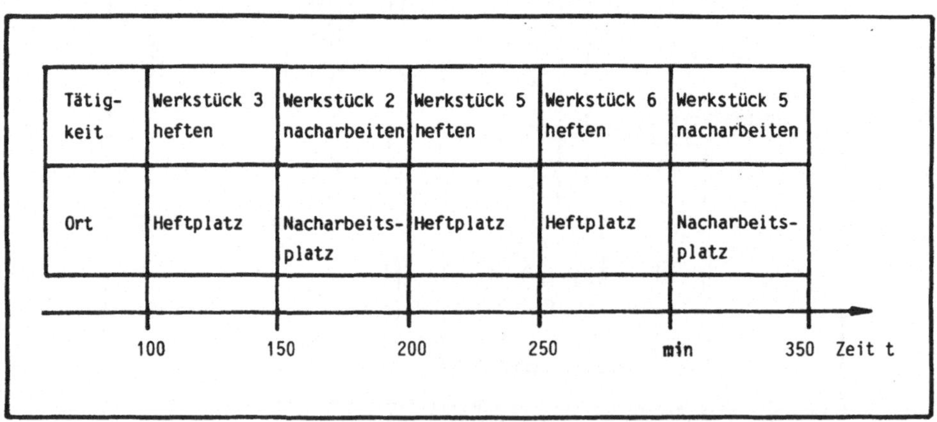

| Tätigkeit | Werkstück 3 heften | Werkstück 2 nacharbeiten | Werkstück 5 heften | Werkstück 6 heften | Werkstück 5 nacharbeiten |
|---|---|---|---|---|---|
| Ort | Heftplatz | Nacharbeitsplatz | Heftplatz | Heftplatz | Nacharbeitsplatz |



Bild 5.6: Beispielhafter Wechsel für <u>einen</u> Arbeiter aus der Dreiergruppe

Überwachung des Industrieroboter-Systems

Die Verantwortung für die Überwachung des Industrieroboter-Systems wird einem weiteren Arbeiter übertragen, der auch die Arbeit der beiden Gruppen koordiniert.

Das ist erforderlich, weil von den anderen Arbeitsplätzen aus keine ständige Beobachtung des Industrieroboter-Systems möglich ist. Alle sechs Arbeitsplätze sind wegen der von ihnen ausgehenden Blendungsgefahr bzw. des Lärms von der Umgebung abgetrennt.

Die Übertragung der Überwachungsverantwortung auf eine bestimmte Person statt auf die gesamte Gruppe hat den Vorteil, daß die Zuständigkeit festgelegt ist und daher bei Störungen schnelle Reaktionen erfolgen können. Um gegen Ausfall bei Krankheit oder Urlaub abgesichert zu sein, ist es allerdings erforderlich, daß mindestens drei Arbeitnehmer aus der siebenköpfigen Gesamtgrüppe in der Lage sind, die Programmierung, Überwachung und Störungsbeseitigung im Industieroboter-System auszuführen. Zwischen diesen drei Personen wird in regelmäßigen Abständen (z.B. wochenweise) Arbeitsplatzwechsel durchgeführt, um die Qualifikation zu erhalten. Alle drei Arbeitnehmer nehmen an einem zweiwöchigen Wartungs- und Programmierkurs beim Hersteller teil. Bei auftretenden Problemen mit Störungen oder bei der Programmoptimierung können sie sich gegenseitig unterstützen. Dadurch wird einerseits die Fertigungssicherheit erhöht. Andererseits tritt für den Einzelnen weniger leicht Überforderung bei der Störungsbeseitigung auf.

Entkopplung

Die manuellen Arbeitsplätze sind vom Industrieroboter-System teilweise bereits durch die relativ langen Taktzeiten entkoppelt. Weiterhin besteht Entkopplung durch die Pufferwirkung der Aufgabestation, die selbsttätig das Einschleusen des gehefteten Werkstückes in das Industrieroboter-System übernimmt, wenn die Entnahmestation frei ist. Zusätzliche Puffer können noch dadurch eingerichtet werden, daß die seitliche Fläche neben dem Staurollenband als Stellplatz für geheftete bzw. ausgeschweißte Fahrerkabinen genutzt wird.

bzw. ausgeschweißte Fahrerkabinen genutzt wird.

Vorteile der Arbeitsorganisation

Die Stillstandszeiten des Industrieroboter-Systems werden dadurch kurz gehalten, daß sich beide Arbeitsgruppen über zeitlich gut abgestimmtes Umrüsten verständigen.

Ein weiterer erheblicher Vorteil besteht in der kurzen Durchlaufzeit der Werkstücke durch das Gesamtsystem. Im Ist-Zustand sind relativ lange Durchlaufzeiten vorhanden. Die Aufträge werden an jeder Fertigungsstation (Zuschnitt, Baugruppenschweißen, Schweißen, Verputzen) vollständig abgearbeitet, bevor sie weitergegeben werden. Dadurch entstehen ziemlich lange Liegezeiten, die die eigentliche Bearbeitungszeit erheblich übersteigen.

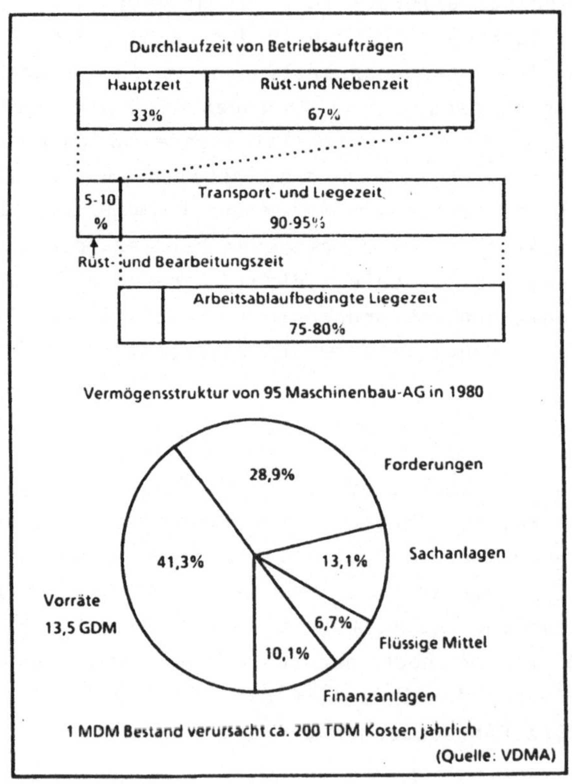


Bild 5.7: Durchlaufzeiten und Bestände

An jeder Fertigungsstation bestehen Zwischenlager, die zu einem hohen Materialbestand in der Fertigung führen. Bild 5.7 zeigt die Zusammensetzung von Durchlaufzeiten und Beständen aus einer Untersuchung des VDMA aus dem Jahr 1982. Daraus wird ersichtlich, daß Transport- und Liegezeiten im Durchschnitt 90-95% der Durchlaufzeit ausmachen. Eine Senkung dieser Zeiten verringert das gebundene Kapital und verkürzt Lieferzeiten.

Durch die neue Organisation im geplanten Arbeitssystem werden die Zwischenlager größtenteils abgebaut. Es wird ein schneller Durchlauf der Werkstücke ohne lange Liegezeiten erreicht, da jedes Teil ohne Wartezeit alle Fertigungsstationen im Arbeitssystem durchläuft. Die dadurch erreichte Beschleunigung der Auftragsabwicklung wird zum Teil dazu genutzt, der Arbeitsgruppe einen mehrtägigen Spielraum in der kurzfristigen Fertigungssteuerung einzuräumen. Der andere Teil der Verkürzung führt zu einer effektiven Verkürzung der Gesamtfertigungszeit.

Durch die Eigenorganisation innerhalb der Gruppe entstehen verringerter Steuerungsaufwand und weniger Reibungsverluste. Diese Form der Arbeitsorganisation hat gleichzeitig hohe Flexibilität und schnelle Auftragsabwicklung zur Folge.

Die Vorteile für die Arbeitnehmer sind ebenfalls bedeutsam. Durch die verringerte Arbeitsteilung entstehen umfangreichere und ganzheitlichere Tätigkeiten, die die Arbeit abwechslungsreicher machen. Die Organisation als Arbeitsgruppe mit Einfluß auf die kurzfristige Fertigungssteuerung eröffnet Entscheidungsspielräume, die bisher nicht wahrgenommen werden konnten. Außerdem wird die soziale Isolation verringert.

Für einige Arbeitnehmer im System erhöht sich die Qualifikation, da zur Betreuung des Industrieroboter-Systems spezielle Kenntnisse erforderlich sind.

Die geplante Arbeitsorganisation bildet die notwendige Ergänzung zum Industrieroboter-Einsatz, da durch beide zusammen die Forderung nach flexibler und schneller Fertigung optimal erfüllt werden kann.

### 5.3.2 Industrieroboter-Schweißsystem

Nähere Details über den Aufbau der Schweißzelle und der Zuführeinrichtungen können Bild 5.8 entnommen werden. Nachstehend sind der Aufbau des Industrieroboter-Schweißsystems, seine Funktionsweise und die zugehörige Industrieroboter-Peripherie, wie Schweißausrüstung und Sicherheitskomponenten näher beschrieben.

#### 5.3.2.1 Aufbau

Der Schweißroboter weist einen Arbeitsraum von ca. 2 m in der Höhe und ca. 1,5 m in der Tiefe auf und ist stationär am Boden installiert. Er ist durch einen Grundrahmen mit einem Hub-Drehtisch verbunden. Der Hub-Drehtisch hat einen kurzen vertikalen Hub, um die Palette, auf der das Werkstück festgespannt ist, vom Staurollenband abheben und mittels Fixierstiften im Arbeitsraum des Industrieroboters positionieren zu können. Durch vier mal 90-Grad-Drehungen des Hub-Drehtisches ist jede Seite des Werkstückes dem Industrieroboter zugänglich.

Die Zuführung der Fahrerkabinen kann von zwei Seiten über ein Staurollenband erfolgen, das wechselweise programmgesteuert vor und zurück läuft und so die jeweilige Trägerpalette gegen ausfahrbare Endanschläge vor- bzw. zurücktransportiert.

Die Aufgabe der Fahrerkabinen erfolgt an zwei Stationen (Station A und B). Dabei wird das Werkstück mit Hilfe des Hallenkrans auf eine umrüstbare Aufgabestation gesetzt. In der Aufgabestation wird das Werkstück automatisch auf die leere Trägerpalette umgesetzt. Das Entnehmen des fertig geschweißten Werkstückes von der Palette wird manuell vor der Aufgabestation durchgeführt. Die Trägerpaletten und die Aufgabestationen sind werkstückspezifisch umrüstbar.

Die Übergabe des Werkstückes aus der Aufgabestation an die Trägerpalette erfolgt erst, wenn das zweite Werkstück von der Gegenseite (Station B) fertig geschweißt ist. Befindet sich danach die zweite Palette in der Entnahmeposition am Endanschlag (9), dann fährt die erste Palette los und eine zweiflügelige Tür (4) über dem Rollenband öffnet sich selbsttätig.

Beim Einschleusen der Palette in die Schweißzelle wird diese mit einem Identifizierungssystem (16/17) erfaßt.Dieses vergleicht das vorgewählte Schweißprogramm mit der Kodierung der zuvor beim Umrüsten an der Palette eingestellten Kodierleiste. Stimmt die Kodierung, dann

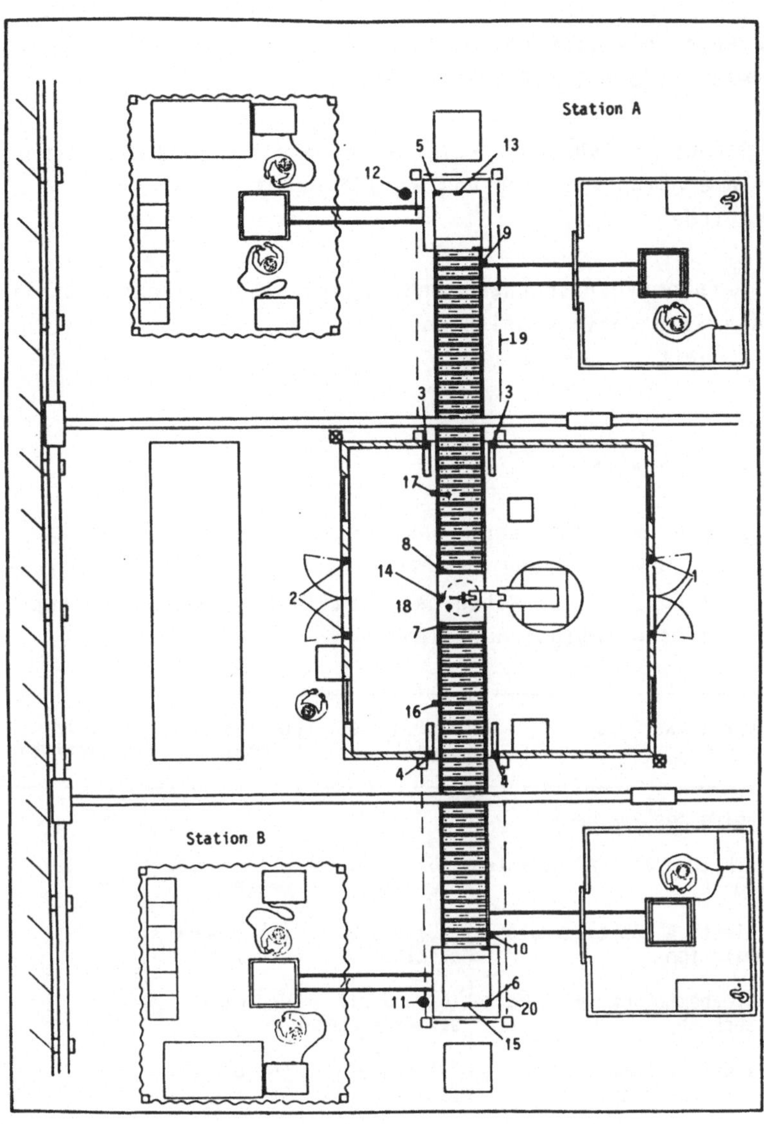


Legende:

| | | |
|---|---|---|
| 1- 4 | = | Türsicherungsschalter |
| 5+ 6 | = | feste Anschläge mit Endschalter |
| 7-10 | = | ausfahrbare Anschläge mit Endschalter |
| 11+12 | = | Startschalter (manuelle Freigabe) |
| 13-15 | = | Endschalter für obere und untere Stellung |
| 16+17 | = | Werkstückidentifikation |
| 18 | = | Endschalter für Lagerichtigkeit |
| 19+20 | = | Lichtschranke |

Bild 5.8: Industrieroboter-Arbeitsplatz

fährt die Palette weiter und positioniert sich über dem Hub-Drehtisch an einem flexiblen Endanschlag (18).

Nach dem Schweißen fährt die Palette gegen einen weiteren Endanschlag (5/6) vor die Aufgabestation und wird dort mit Hilfe des Hallenkrans manuell entladen.

In allen Aufnahmevorrichtungen und Endanschlägen sind zusätzlich zu den übrigen Sicherheitseinrichtungen Endschalter zur Überprüfung der Teileanwesenheit eingebaut.

### 5.3.2.2 Funktionsweise

In der Tabelle 5.2 ist der Funktionsablauf des Industrieroboter-Schweißsystems entsprechend dem Arbeitschritt 9 des Arbeitsablaufs (Tabelle 5.1) aufgeführt. Neben den einzelnen Funktionsschritten sind hier die jeweils wichtigsten auslösenden Signalgeber genannt.

| Nr. | Funktionsschritt | Auslösendes Signal | Bestätigtes Signal | manuell/ automatisch |
|---|---|---|---|---|
| | Beginn des Zyklus | | | M |
| 1 | Werkstück A in Aufgabestation A | (15) in oberer Stellung | (11) Freigabe (M) | M |
| 2 | Palette A fährt in Aufgabestation | (10) ausgeschaltet | (6) eingeschaltet | A |
| 3 | Aufgabestation setzt Werkstück ab | (6) und (11) eingeschaltet | Wartezeit | A |
| 4 | Palette A fährt zur Schweißstation | (9) eingeschaltet | (4) und (8) betätigt | A |
| 5 | Hubdrehtisch fährt mit Fixierstiften in die Palette A | (16) Dekodierung | (18) eingeschaltet | A |
| 6 | Hubdrehtisch fährt in obere Positon | (18) eingeschaltet | (14) eingeschaltet | A |
| 7 | Industrieroboter schweißt von der 1. Seite aus | (14) und (18) eingeschaltet | Industrieroboter-Ausgangssignal | A |

| Nr. | Funktionsschritt | Auslösendes Signal | Bestätigtes Signal | manuell/ automatisch |
|---|---|---|---|---|
| 8 | Hub-Drehtisch taktet um 90 Grad | Industrieroboter-Wartezeit | - | A |
| 9 | wie Nr. 7: 2. Seite | (14) und (18) eingeschaltet | Industrieroboter-Ausgangssignal | A |
| 10 | wie Nr. 8 | | | A |
| 11 | wie Nr. 7: 3. Seite | | | A |
| 12 | wie Nr. 8 | | | A |
| 13 | wie Nr. 7: 4. Seite | | | A |
| 14 | wie Nr. 8 | | | A |
| 15 | Hub-Drehtisch fährt in untere Position | Industrieroboter-Ausgangssignal | (10) eingeschaltet | A |
| 16 | Palette fährt in Entladeposition | (18) ausgeschaltet | | A |
| 17 | Palette wird entladen | an | | M |
| | Ende des Zyklus | | | |

Tabelle 5.2: Funktionsablauf in der Schweißzelle (Arbeitsschritt Nr. 9 aus Tabelle 5.1)

#### 5.3.2.3 Schweißausrüstung

Die Schweißausrüstung besteht im wesentlichen aus einem MIG/MAG-Schweißgerät mit Impulslichtbogen, dessen Schweißparameter frei programmierbar sind und vom Industrieroboter aus automatisch vorgewählt werden. Für einen störungsfreien Betrieb steht eine Vorrichtung für automatische Brennerreinigung zur Verfügung.

#### 5.3.2.4 Sicherheitskomponenten

In Bild 5.8 sind neben einigen Signalgebern auch die Sicherheitkomponenten zu sehen. Zu diesen zählen u.a.:

- Zwei doppelflügelige Türen mit selbsttätigem Antrieb zur Absicherung des Förderspalts,
- Je drei Lichtschranken um die beiden Aufgabe- und Entnahmestationen abzusichern.

Sicherheitseinrichtungen, mit denen Schweiß-Industrieroboter normalerweise abgesichert sind, werden auch hier eingesetzt. Sie sind in Bild 5.8 dargestellt und können im einzelnen in Kapitel 1.3 nachgeschlagen werden.

## 5.4 Literatur

/1/ Brödner, Peter:
Fabrik 2000: Alternative Entwicklungspfade in die Zukunft der Fabrik
Berlin: edition sigma, 1986, S. 55

# 6 TYP 5

## 6.0 Charakterisierung von Typ 5

Der Typ 5 ist gekennzeichnet durch die Rahmenbedingungen:

- große Losgröße,
- kleine Teilevielfalt und
- kleine Werkstückgröße.

Damit ergibt sich ein relativ konstanter Produktionsablauf mit seltenem Umrüsten und Programmieren. Dieser Einsatzfalltyp weist wenig Abwechslung im Arbeitsablauf auf, daher herrschen oft sehr eingeschränkte Arbeitsbedingungen. Häufig sind Monotonie, soziale Isolation und eingeschränkter Handlungs- und Entscheidungsspielraum vorhanden.

Bei isolierter Betrachtung des Industrieroboter-Systems fällt es schwer, menschengerechte Alternativen zum gängigen Einsatzmuster aufzuzeigen. Im folgenden Beispiel wird daher gezeigt, wie durch eine Ausweitung der Systemgrenzen und Zusammenfassung mehrerer Arbeitsplätze die Beschränkungen überwunden werden können und die Schaffung höherwertiger und menschengerechter Arbeitsplätze möglich ist.

## 6.1 Allgemeines zur Firma

Das Unternehmen, in dem der vorliegende Einsatzfall verwirklicht werden soll, ist als Zulieferer für Baumaschinenhersteller tätig. Mit ca. 500 Beschäftigten fertigt und vertreibt die Firma unter anderem auch standardisierte Motorträger aus verschiedenem Profilmaterial.

Die Nachfrage nach diesen Produkten ist mittelfristig prognostizierbar, so daß jeweils größere Lose kostengünstig auf Lager gefertigt werden können. Die zwischenzeitlich erfolgte Standardisierung der geschweißten Träger für kleine Motoren hat zusätzlich zu einer Verringerung der Teilevielfalt geführt, wodurch sich die Größe der einzelnen Lose steigern ließ.

Im Zuge der bereinigten Produktpalette ist vorgesehen, die Produktionskapazität im Engpaß "Schweißerei" zu erhöhen und dabei den geänderten Produktionsdaten anzupassen. Vor allem soll die Belastung der Schweißer durch Teilehandling, einseitige Haltearbeit beim Schweißen und Schweißrauch beseitigt bzw. vermindert werden. Dies soll mit Hilfe einer neu gestalteten Schweißabteilung durch Einbeziehung eines Industrieroboter-Schweißsystems und organisatorische Maßnahmen erreicht werden.

## 6.2 Ist-Fertigung

Die Ist-Fertigung ist noch ein Ergebnis der stürmischen Entwicklung während der Expansionsphase der Firma . Demzufolge ist die Produktion bislang unzureichend durchorganisiert und muß für eine teilautomatisierte Fertigung insgesamt neu konzipiert werden. Im folgenden werden aber nur die Schweißarbeitsplätze und die direkt vor- und nachgeschalteten Arbeitsplätze betrachtet.

### 6.2.1 Produktionseinrichtungen

Die verschiedenen Typen von Motorträgern werden in drei unterschiedlich großen Hallen in mehreren Fertigungsbereichen hergestellt.

Der Zuschnitt der Einzelteile erfolgt zentral in der Halle A. Von dort aus werden Einzelteile in Gitterboxen mit Gabelstaplern zu den einzelnen Schweißarbeitsplätzen in den Hallen B und C gebracht. Große Flächenanteile in den Hallen sind durch die Bevorratung von zugeschnittenem Material an jedem einzelnen Schweißarbeitsplatz bedeckt.

In Bild 6.1 ist das Layout der Halle C dargestellt.

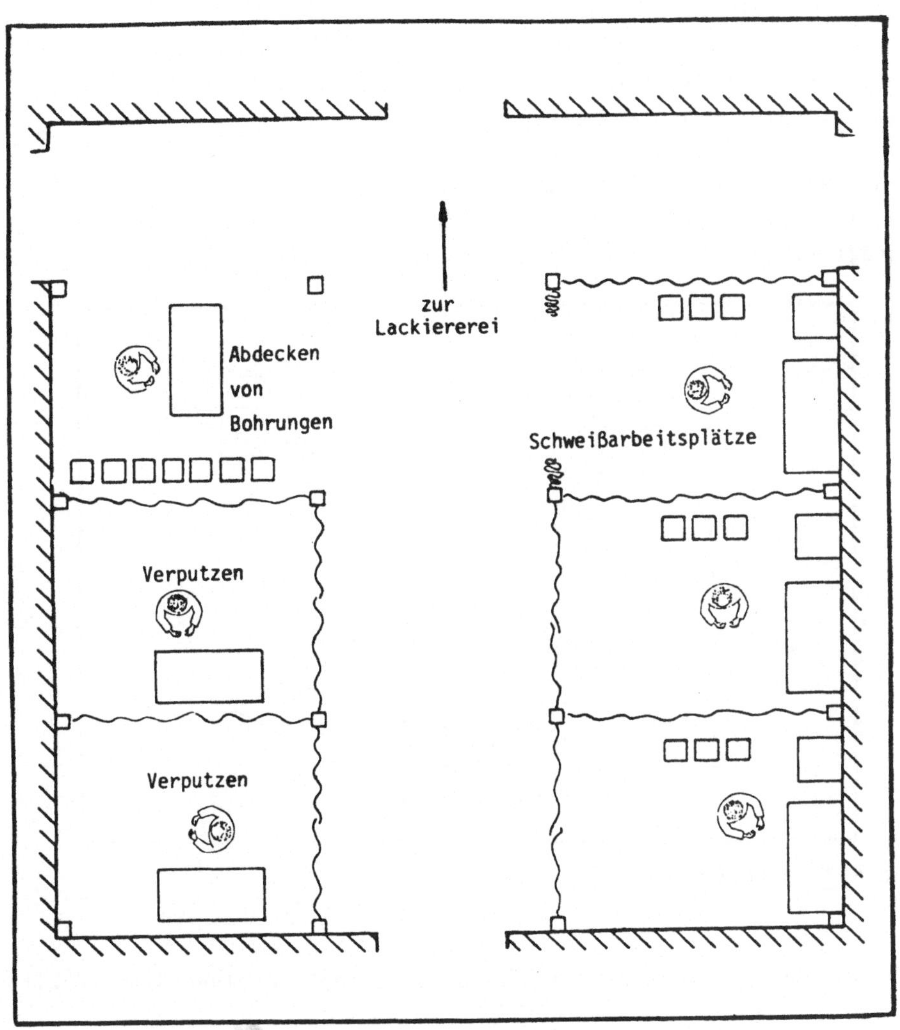


Bild 6.1: Layout der Halle C

### 6.2.2 Fertigungsablauf

Im folgenden wird der Fertigungsablauf für die Motorträger beschrieben.

Die Motorträger werden in vier Varianten mit einer durchschnittlichen Jahresstückzahl von 12000 Stück pro Variante bei Losgrößen von 400 bis 1600 Stück hergestellt.

Die einzelnen Teile der Motorträger bestehen aus Baustahl St 37-2. Bild 6.2 zeigt einen Motorträger.

An den Motorträgern sind jeweils ca. sieben Schweißungen mit einer Schweißnahtgesamtlänge von 300 mm auszuführen. Der Arbeitszeitaufwand beträgt für das manuelle Schweißen ca. fünf Minuten.

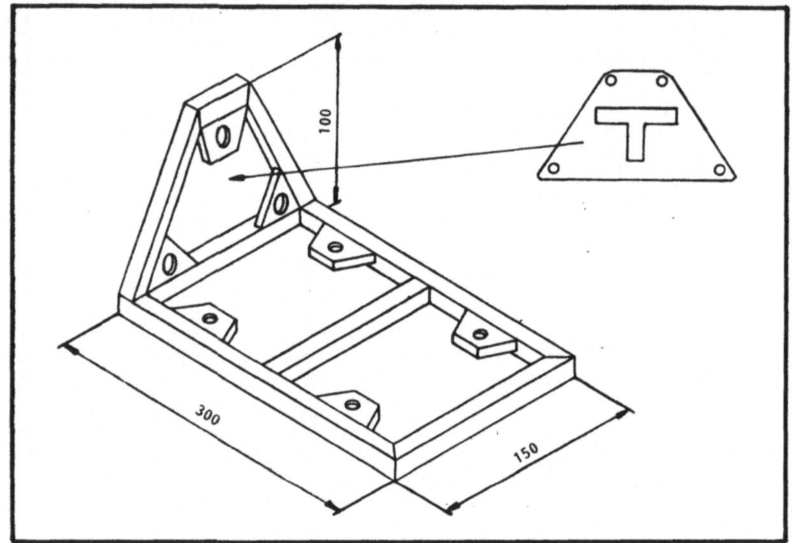


Bild 6.2: Motorträger

Bild 6.3 verdeutlicht den Fertigungsablauf anhand eines Blockschaltbildes.

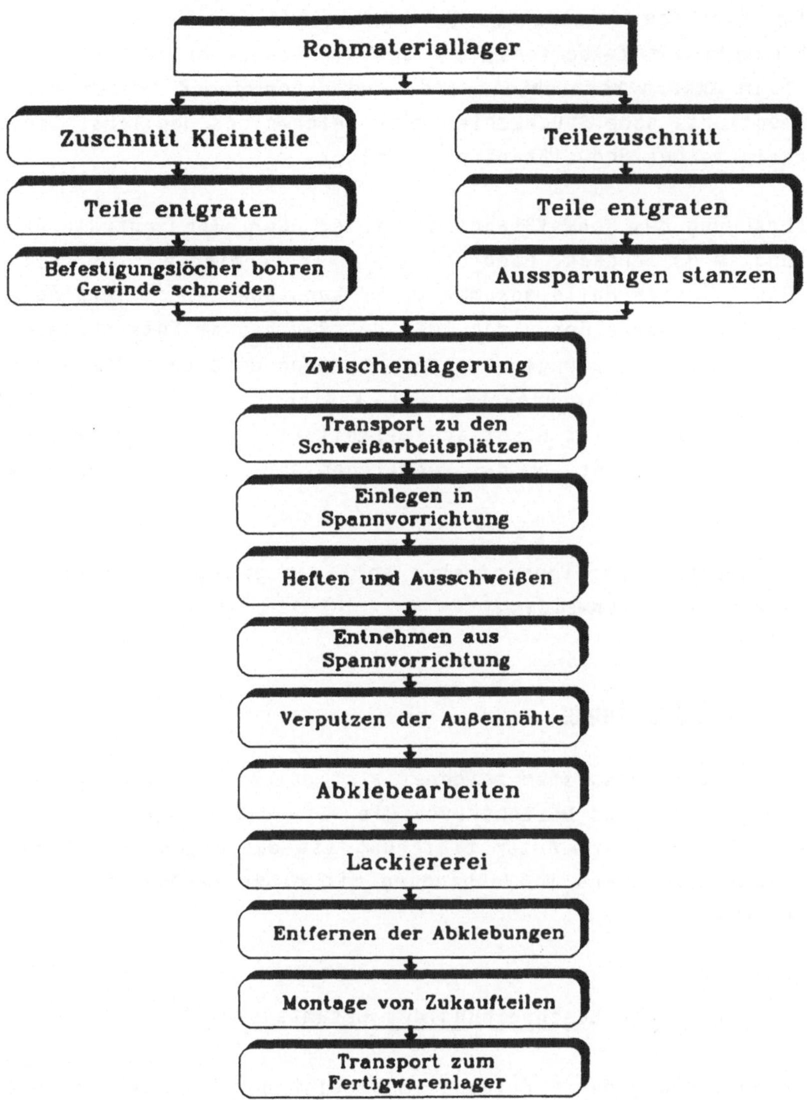


Bild 6.3: Fertigungsablauf im Ist-Zustand

### 6.2.3 Arbeitsorganisation und Arbeitsbedingungen

Wie aus Bild 6.1 ersichtlich ist, werden die Schweißarbeiten gegenwärtig in mehreren Einzelkabinen durchgeführt, die durch lichtundurchlässige Vorhänge voneinander getrennt sind. Obwohl keine Bindung an einen Maschinentakt besteht, ist soziale Isolation vorhanden, weil die Arbeit im Akkord verrichtet wird, und daher jeder Arbeiter bestrebt ist, möglichst hohe Stückzahlen zu erreichen und möglichst wenig Zeit außerhalb seiner Schweißkabine verbringt.

Die Absaugung des Schweißrauches erfolgt über eine zentrale Absaugeinrichtung im Hallendach. Dadurch wird zwar vermieden, daß sich allzuviel Rauch in der Halle ansammelt, es kann aber nicht verhindert werden , daß die Schweißer einen Teil des Rauches am Entstehungsort einatmen. Weitere Belastungen aus der Umgebung entstehen durch den Lärm, den das Verputzen verursacht. Die Kabine, in der diese Tätigkeit durchgeführt wird, ist nicht schallisoliert, sondern nur mit Lamellenvorhängen ausgerüstet, um das Wegfliegen der Schleiffunken zu verhindern.

Das neu geplante Fertigungssystem soll die genannten Belastungen soweit wie möglich vermeiden.

## 6.3 Soll-Fertigung

Das neue Fertigungssystem zeichnet sich durch einen höheren Automatisierungsgrad aus und bezieht auch die vor- und nachgelagerte Fertigung mit ein. Die stärkere Automatisierung ist das Ergebnis des Einsatzes eines Schweißroboters in Verbindung mit einer verbesserten Materialflußtechnik.

### 6.3.1 Technische Beschreibung des Gesamtsystems

Die Neugestaltung der Fertigung im Bereich der Schweißerei soll anhand eines Layouts für die Halle C verdeutlicht werden. Die Halle C wird aufgrund ihrer größeren Arbeitsfläche und aus Gründen des Materialflusses wegen der kurzen Wege zur Lackiererei ausgewählt. Die Darstellung des Gesamtlayouts ist in Bild 6.4 zu sehen.

Die technischen Komponenten des Gesamtsystems sind im wesentlichen:

- Industrieroboter zum Schutzgasschweißen,

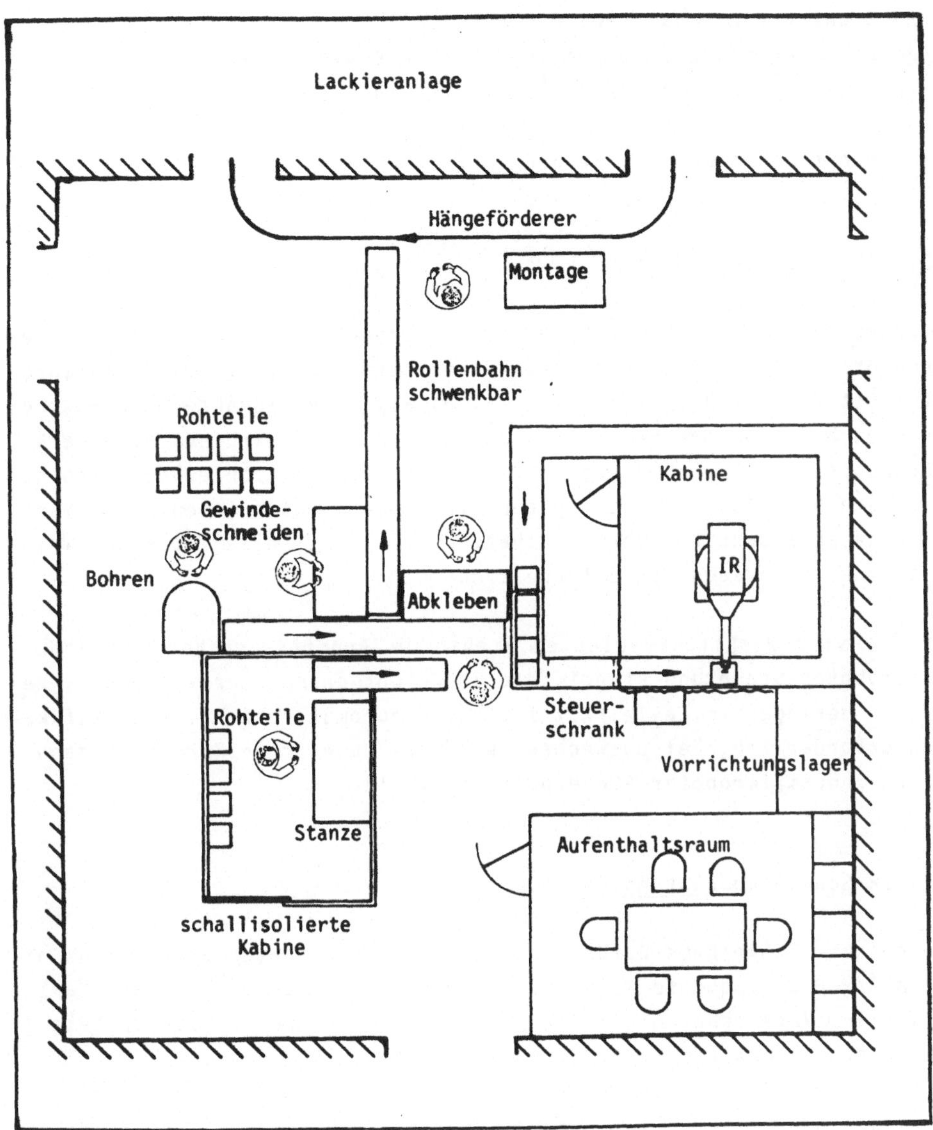


Bild 6.4: Layout der Soll-Fertigung

- MIG/MAG-Schweißeinrichtung,
- Werkstückträgerumlaufsystem mit Spannvorrichtungen,
- Vorrichtungslager mit einfacher Ein- und Auslagerung,
- Vorgelagerte Fertigungsstationen wie Bohren, Gewindeschneiden

und Stanzen (in schallisolierter Kabine),
- Anbindung an die Lackiererei über einen Power-and-Free-Kreisförderer,
- nachgelagerte Fertigungsstation zur Kleinteilemontage.

Die genannten Komponenten werden im folgenden näher erläutert.

#### 6.3.1.1 Industrieroboter

Aufgrund der relativ kleinen Teileabmessungen genügt der Einsatz eines Schweißroboters in üblicher Vertikalknickarmausführung. Der Schweißroboter ist fest am Boden installiert. Da alle Schweißnähte am Werkstück von oben bzw. von den Seiten aus zugänglich sind, wird nur eine Werkstückpositionierung benötigt. Die Werkstückpositionierung erfolgt durch ein Umlaufsystem, das später eingehender beschrieben wird. Wegen des genauen Zuschnitts der zu schweißenden Einzelteile ist keine weitere Schweißnahtsensorik erforderlich.

Für die vier Werkstückvarianten stehen im Arbeitsspeicher der Industrieroboter-Steuerung ständig die Schweißprogramme zur Verfügung. Wegen der geringen Teilevielfalt ist keine automatische Teileidentifikation erforderlich; bei Loswechsel wird das neue Schweißprogramm manuell am Industrieroboter-Steuerpult angewählt.

#### 6.3.1.2 Schweißausrüstung

Die gesamte Schweißausrüstung für den Industrieroboter besteht aus einer MIG/MAG-Stromquelle, einem wassergekühlten Brenner für das Stahlschweißen, Versorgung mit Schutzgas, Nachführung des Schlauchpakets über einen Galgen und einer Brennerreinigung.

Die Schweißparameter, wie Spannung, Strom, Drahtvorschub usw. sind an der Schweißanlage frei programmierbar und werden von der Steuerung des Industrieroboters über das abgelegte Programm automatisch während des Schweißvorgangs geregelt.

Über der Schweißstation ist eine zentrale Schweißrauchabsaugung angebracht.

#### 6.3.1.3 Werkstückumlaufsystem der Schweißzelle

Für das Positionieren der Motorträger werden Werkstückträger verwendet, die auf einem Kreisfördersystem transportiert werden. Das Kreisfördersystem ist durch eine Power-and-Free-Fördertechnik gekennzeichnet, wobei in einer von zwei Führungsschienen die "Power"-Kette kontinuierlich umläuft und bei Bedarf über Mitnehmer die in der anderen Führung laufenden "Free"-Werkstückträger entkoppelt und wieder einklinkt. Hierdurch ist es möglich, die Werkstückträger an einer Be- und Entladestrecke sowie vor der Schweißstation zu je einem Puffer auflaufen zu lassen. Spezielle Bremsen an den Werstückträgern bewirken ein stoßfreies Aufpuffern.

Die automatische Schweißstation wird nach Bedarf mit einem neu beladenen Werkstückträger aus dem Puffer vor der Schweißstation versorgt. Beim Erreichen der programmierten Schweißposition wird der Werkstückträger mit Hilfe einer Lichtschranke gestoppt. Danach fahren Druckluftzylinder mit Fixierköpfen aus und positionieren den Werkstückträger.

An der Beladestrecke werden die fertig geschweißten Werkstücke aus der Spannvorrichtung manuell entnommen und die Einzelteile ebenfalls manuell eingelegt. Alle Einzelteile eines Motorträgers werden komplett in eine Spannvorrichtung eingelegt und von Hand gespannt. Die Spannvorrichtungen der vier verschiedenen Werkstücktypen sind mit einer einheitlichen Fixierung versehen und können so leicht auf den Werkstückträgern umgerüstet werden.

#### 6.3.1.4 Vorrichtungslager

Für die vier Typen von Motorträgern werden wegen des Umlaufsystems jeweils mehrere Spannvorrichtungen benötigt. Diese Spannvorrichtungen lassen sich auf einem einfachen Lagerregal direkt neben einer Längsseite des Umlaufsystems unterbringen. Von dort aus können die Werkstückträger bei kurzen Wegen einfach und schnell umgerüstet werden.

#### 6.3.1.5 Weitere Fertigungsstationen des Gesamtsystems

In das System mit einbezogen sind Tätigkeiten aus der Vorfertigung

(Stanzen, Bohren, Gewindeschneiden) und nachfolgende Arbeiten (Abkleben, Entkleben, Montage). Die Lackiererei wird nicht in dieses Arbeitssystem integriert.

Die Rohteile werden im zugeschnittenen und entgrateten Zustand in der Halle angeliefert. Dort werden für die Aufhängungen und Bohrungen Gewinde und Ausschnitte angebracht. Dazu stehen zwei Bohrmaschinen und eine Stanze zur Verfügung. Die Stanze ist wegen des Lärmschutzes in einer schallisolierten Kabine untergebracht. Die drei Bearbeitungsmaschinen sind so angeordnet, daß sie leicht mit Rohteilen versorgt werden können. Der Materialfluß innerhalb des Arbeitssystems wird durch zwei Transportbänder gewährleistet, die die vorbereiteten Teile an der Aufgabestation für das Schweißsystem bereitstellen. Am Ende der beiden Transportbänder können die Teile in Puffer auflaufen, so daß alle Arbeitsplätze voneinander entkoppelt sind.

Nach dem Schweißen werden die Werkstücke vom Umlaufsystem der Schweißzelle herunter genommen und nach einer Kontrolle abgeklebt. Von diesem Platz aus werden sie über eine weitere Transportbahn zum Anhängen an den Hängeförderer der Lackiererei bereitgestellt.

#### 6.3.1.6 Anbindung an die Lackiererei

Die Lackiererei und die automatisierte Schweißerei sind in der gleichen Halle untergebracht und durch einen Power-and-Free-Kreisförderer in Hängebahnausführung miteinander verknüpft.

Der Hängebahnkreisförderer hat zwei Pufferstrecken. An der einen werden die fertig geschweißten und abgeklebten Werkstücke in die Warenträgern eingehängt. Nach dem Lackieren, Abdunsten und Trocknen werden sie dann in der zweiten Pufferstrecke wieder von den Warenträgern abgeladen und auf einem nachgelagerten Arbeitsplatz fertiggestellt.

#### 6.3.1.7 Nachgelagerte Fertigung

Die Lackiererei ist nicht in das Arbeitssystem integriert, es gehört jedoch noch ein nachgelagerter Montagearbeitsplatz dazu. An diesem werden die Werkstücke nach dem Lackieren auf einen Tisch gesetzt, von den Abdeckungen befreit und Kleinteile, wie z.B. Lageraufhängungen angebracht.

### 6.3.2 Arbeitsablauf im Gesamtsystem

Im folgenden wird der Arbeitsablauf ab Anlieferung der fertig zugeschnittenen und entgrateten Rohteile in die Halle C bis zur Übergabe an das Fertigwarenlager anhand der Tabelle 6.1 beschrieben:

| Nr. | Tätigkeit | Zahl der Arbeitsplätze | Betriebsmittel |
|---|---|---|---|
| 1 | Rohteile bereitstellen | 1 | Gabelstapler,Gitterboxen |
| 2 | Teile bohren und Gewinde schneiden | 2 | zwei Bohrmaschinen, Gitterbox, Vorrichtung, Tansportband |
| 3 | Teile stanzen | 1 | Stanze, Schallschutzkabine, Gitterbox, Transportband |
| 4 | Teile in Schweißvorrichtungen einlegen und spannen | 1 | Werkstückträger, Spannvorrichtungen, Umlaufsystem |
| 5 | Gespannte Teile zur Schweißstation transportieren | automatisch | Werkstückträger, Umlaufsystem |
| 6 | Werkstück positionieren und ausschweißen | automatisch | Werkstückträger, Umlaufsystem, Schweiß-IR, Stromquelle |
| 7 | Werkstück zum Entladepuffer transportieren | automatisch | Werkstückträger, Umlaufsystem |
| 8 | Werkstück entnehmen und kontrollieren. Weitergeben an Abklebestation | wie in Nr. 4 | Werkstückträger, Spannvorrichtung, Transportbahn |
| 9 | Werkstück abkleben und weitergeben zum Hängeförderer der Lackieranlage | 1 | Arbeitstisch zum Abkleben |
| 10 | Werkstück in Warenträger des Umlaufsystems der Lackieranlage einhängen | 1 | Warenträger, Power-and-Free-Förderer |
| 11 | Werkstück lackieren, abdunsten und trocknen | | gehört nicht mehr zum Arbeitssystem |
| 12 | Werkstück vom Warenträger abnehmen | wie in Nr. 10 | Warenträger, Power-and-Free-Förderer |
| 13 | Klebestreifen entfernen, Kleinteile montieren, in Gitterbox ablegen | 1 | Montagetisch, Hilfswerkzeug, Kleinteilebehälter, Gitterbox |
| 14 | Transport ins Fertigwarenlager | wie in Nr. 1 | Gitterboxen, Gabelstapler |

Tabelle 6.1: Fertigungsablauf im Soll-Zustand

### 6.3.3 Verbesserung der Arbeitsorganisation und Arbeitsbedingungen

Die Ziele der menschengerechten Arbeitsgestaltung im Gesamtsystem betreffen hauptsächlich die folgenden Punkte:

- mehr Abwechslung in die Arbeit bringen,
- Erhöhung der Qualifikationsanforderungen,
- Entscheidungs- und Handlungsspielräume schaffen,
- weitgehende Arbeitsteilung verhindern,
- soziale Isolation verhindern,
- enge Bindung an den Maschinentakt vermeiden,
- menschengerechte Gestaltung der Schnittstellen von Mensch und Maschine.

Da der Typ 5 durch relativ konstante Produktionsabläufe gekennzeichnet ist, bestehen hier größere Schwierigkeiten als z.B. bei Typ 3 oder 4, höherwertige Arbeitsplätze zu schaffen. Wegen der festgelegten und sich dauernd wiederholenden Abläufe sind wenig Entscheidungen zu fällen. Programmier- und Umrüsttätigkeiten, die in der Regel höherwertige Arbeitsinhalte mit sich bringen, sind nur selten erforderlich. Trotzdem bestehen auch hier Möglichkeiten, bessere Arbeitsbedingungen zu schaffen, wenn vom Prinzip der Werkstattfertigung abgerückt wird und statt dessen ein verrichtungsorientierter Ablauf gewählt wird. Während bei der Werkstattfertigung alle gleichartigen Tätigkeiten der gesamten Fertigung - z.B. Schweißen - räumlich zusammengefaßt sind, gruppiert man die Arbeitsplätze beim verrichtungsorientierten Ablauf so, daß möglichst viele der an einem Werkstück durchzuführenden Fertigungsschritte in räumlicher Nähe stattfinden.

#### Arbeitsgruppe und Arbeitsplatzwechsel

Bezogen auf das vorliegende Fallbeispiel bedeutet das die Zusammenfassung der Fertigungsschritte Bohren, Gewindeschneiden, Stanzen, Schweißen, Kontrolle, Abkleben, Aufkleber entfernen und Montage in einem Arbeitssystem (siehe Bild 6.4 und Tabelle 6.1). Wie auch schon in den anderen beschriebenen Beispielen wird das System von einer Arbeitsgruppe betreut. Ihr Umfang beträgt sieben Personen.

Da an den einzelnen Arbeitsplätzen verhältnismäßig wenig Abwechslung im Tätigkeitsablauf vorhanden ist, wird regelmäßiger Arbeitsplatzwechsel durchgeführt, um die Monotonie zu verringern und die Qualifikationsanforderungen zu erhöhen. Der Wechsel wird von der Gruppe selbst festgelegt, wodurch sich eine Erweiterung der Entscheidungsspielräume ergibt. In gleicher Richtung zielt die Übergabe der Qualitätsverantwortung an die Gruppe.

Verringerung der sozialen Isolation

Durch diese Organisationsform wird die soziale Isolation verringert. Dazu trägt auch die Automatisierung des Schweißens bei, denn manuelles Schweißen wird wegen der Blendgefahr grundsätzlich an Einzelarbeitsplätzen durchgeführt, die von der Umgebung abgetrennt sind. Demgegenüber ist der Arbeitsplatz des Industrieroboter-Betreuers in das Gesamtsystem integriert.

Um den Lärmpegel im Arbeitssystem niedrig zu halten, ist es erforderlich, die Stanze in einer schallgeschützten Kabine aufzustellen. Für diesen Arbeitsplatz hat das allerdings Isolation von der Umgebung zur Folge. Um die negativen Auswirkungen gering zu halten, wird an diesem Arbeitsplatz besonders häufig gewechselt. Außerdem ist persönlicher Gehörschutz zu tragen und es werden noch weitere schallvermindernde Maßnahmen an der Stanze durchgeführt.

Entkopplung

Das Industrieroboter-System und die Lackieranlage arbeiten mit konstanter Geschwindigkeit. Um eine enge Bindung des Menschen an den Maschinentakt zu vermeiden, werden Puffer eingerichtet. Im Kapitel 6.3.1.3 und 6.3.1.6 ist die technische Realisierung näher beschrieben. Die maximale Dauer der Entkopplung am Industrieroboter-System beträgt ca. 20 min., sie wird durch neun Umlaufpaletten gewährleistet. An der Lackieranlage kann die gesamte im Arbeitssystem verlaufende Strecke des Hängeförderers als Puffer genutzt werden. Damit beträgt die maximale Entkopplung ca. 30 min..

Kurzfristige Fertigungssteuerung

Der Aufwand für die kurzfristige Fertigungssteuerung ist im Vergleich zu den anderen, bisher beschriebenen Typen relativ gering, weil wenig Änderungen im Ablauf auftreten. Es bereitet daher keine besonderen Probleme, der Arbeitsgruppe die Aufgabe zu übertragen. Dazu gehören Transport, Teilebereitstellung und -weitergabe, Fertigungsfortschritt und Termine überwachen, Fehlbestand ermitteln und ausgleichen.

Materialfluß

Zur Verringerung der körperlichen Belastungen und zur Verkürzung der Durchlaufzeiten durch das Arbeitssystem werden mehrere Transportbänder installiert, die die Arbeitsplätze miteinander verbinden. Am Ende dieser Bänder sind Auflaufstrecken vorhanden, die als Puffer wirken. Damit wird die zeitliche Unabhängigkeit der Arbeitsplätze voneinander gewahrt. Da der Pufferinhalt begrenzt ist, können keine umfangreichen Zwischenlager entstehen, wie es bisher der Fall ist.

Daher sinken Kapitalbindung und Durchlaufzeit gleichermaßen. Beide Faktoren haben erheblichen Einfluß auf die Wirtschaftlichkeit des Systems.

Programmierung des Industrieroboter-Systems

Da Typ 5 gekennzeichnet ist durch geringe Teilevielfalt und hohe Losgrößen, wird in der Regel nur sehr selten Neuprogrammieren des Industrieroboters erforderlich sein. Bis z.B. ein Modellwechsel stattfindet, können mehrere Jahre vergehen. Damit stellt sich die Frage, wie die Programmierkenntnisse erhalten werden.

Wenn noch weitere Industrieroboter in der Firma vorhanden sind, ist es sinnvoll, das Programmieren auf wenige Personen zu beschränken, so daß es zu einer häufigeren Ausführung dieser Tätigkeit kommt. Ist nur ein Industrieroboter-System vorhanden, sollten in regelmäßigen Abständen - ca. einmal pro Monat - Programmierübungen durchgeführt werden. Solche Übungen sind in zweifacher Hinsicht wichtig. Zum einen kann eine hohe Systemverfügbarkeit nur mit Personal erreicht werden, das genügend Kenntnisse über die Anlage besitzt. Zum anderen sind die Systemkenntnisse wichtig, um die Unfallgefährdung zu verringern. Gerade beim Programmieren und bei der Störungsbeseitigung gehen von einer Fehlbedienung erhebliche Gefahren aus, so daß die ständige Vertrautheit mit dem System eine Grundvoraussetzung des Arbeitsschutzes ist. Programmieren und Störungsbeseitigung des Industrieroboters sollten im Fall des Typ 5 nicht auf die gesamte Arbeitsgruppe verteilt werden, obwohl dies dem Ziel der Erweiterung von Arbeitsinhalten widerspricht. Damit wird noch einmal deutlich, daß die Gestaltungsmöglichkeiten bei diesem Typ sehr eingeschränkt sind. Mit den bisher angesprochenen Maßnahmen ist es trotzdem möglich, bessere Arbeitsbedingungen zu schaffen, als bei strenger Arbeitsteilung in der Regel anzutreffen sind.

# 7 TYP 6

## 7.0 Charakterisierung

Bei Typ 6 herrschen die Rahmenbedingungen

- große Losgrößen,
- kleine Teilevielfalt und
- große Werkstücke.

Ebenso wie bei Typ 5 kann man von relativ konstanten Produktionsabläufen ausgehen, die bei starker Arbeitsteilung ausgeprägte Monotonie zur Folge haben. Als weitere Folge seltener Umrüst- oder Programmiertätigkeiten können vor allem bei einfachen Werkstücken mit geringer Fertigungstiefe geringe Qualifikationsanforderungen vorhanden sein, die eine Unterforderung im psychischen Bereich mit sich bringen.

Im Fallbeispiel zu Typ 6 sind diese Probleme durch die Zusammenfassung unterschiedlicher Tätigkeiten, die über das Schweißen hinausgehen, gelöst. Außerdem wird in diesem Beispiel auf die Lohnform bei Gruppenarbeit eingegangen. Diesem Gesichtspunkt kommt erhebliche Bedeutung zu, weil ohne gerechte und befriedigende Lohnform auch Maßnahmen, die humanere Arbeitsbedingungen zur Folge haben, bei ihrer Einführung auf Durchsetzungsschwierigkeiten stoßen.

## 7.1 Allgemeines zur Firma

Ein mittelständisches Unternehmen stellt Gerüstelemente aus Stahl für die Bauindustrie her. Die Fertigunsabschnitte gliedern sich in Vorfertigung, Schweißen, Verzinken und Montage.

Für die Zukunft ist vorgesehen, einen Teil des Produktspektrums in einem teilautomatisierten Fertigungsbereich zusammenzufassen. Insbesondere der Grundrahmen der Gerüste und Ähnlichkeitsteile, für welche auch die erforderlichen Stückzahlen vorhanden sind, könnten dann automatisiert gefertigt werden. Für die Schweißarbeiten ist ein Industrierobotersystem zum Schutzgasschweißen vorgesehen.

## 7.2 Ist-Fertigung

### 7.2.1 Fertigunsablauf "Gerüstrahmen"

Die Fertigung der Gerüstrahmen (Bild 7.1) läßt sich in drei parallel ablaufende Arbeitsschritte einteilen (vgl. Bild 7.2):

- Fertigung des Einsteckrohres (Rohrverbinder)
- Fertigung des Standrohres
- Fertigung der unteren und oberen Traverse

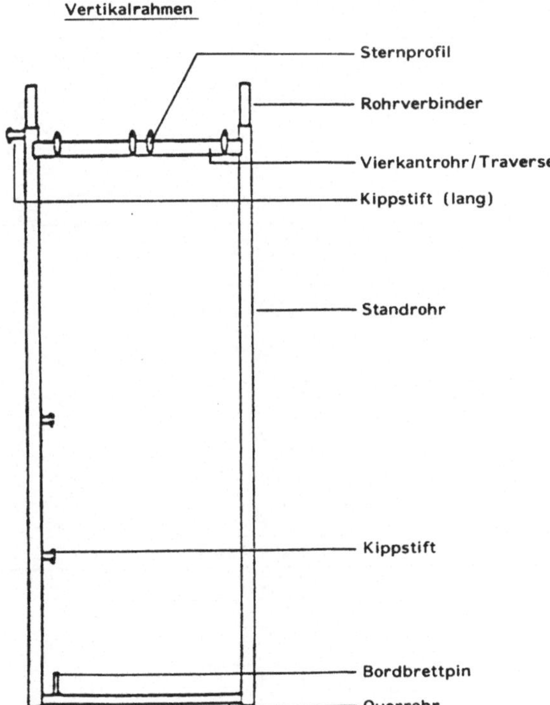


Bild 7.1: Gerüstrahmen

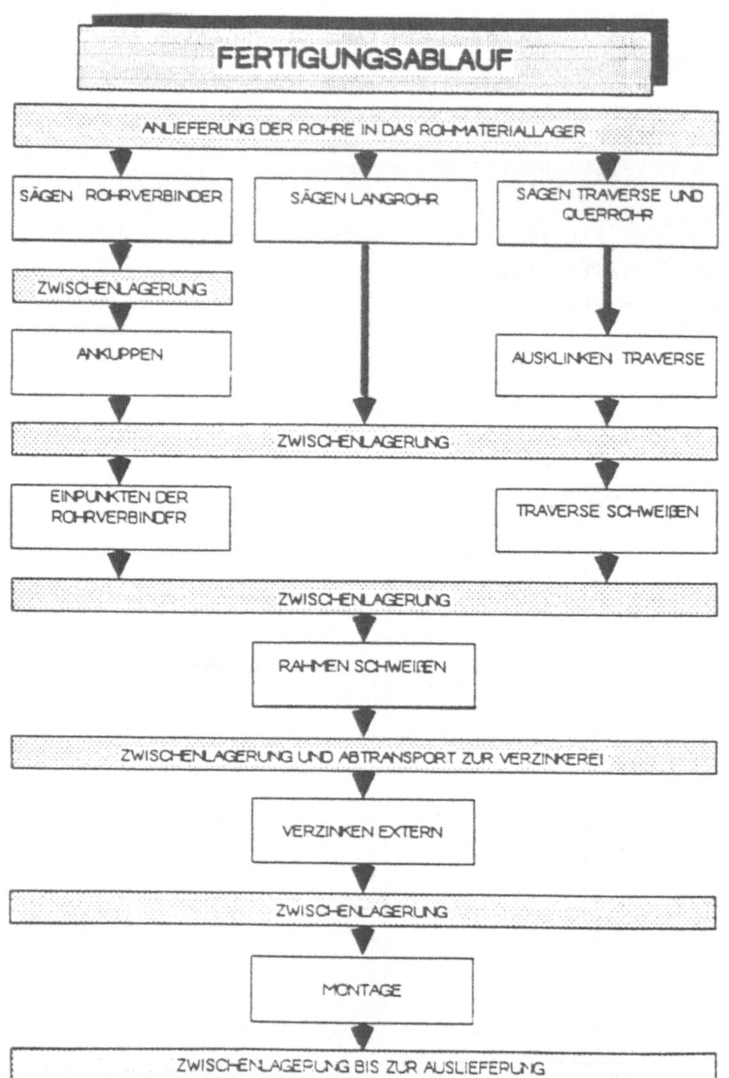


Bild 7.2: Fertigungsablauf

#### 7.2.1.1 Fertigung des Einsteckrohres

Das Einsteckrohr wird auf einer Metallkreissäge von 6 m langen Rohmaterialstangen abgesägt. Der Transport der Stangen vom Lager zur Säge erfolgt manuell mit einem Kran, während das Zuführen und Sägen automatisiert ist. Nach dem Sägen werden die Einsteckrohre in Gitterboxen zwischengelagert. Das Ankuppen (Umformen der Enden) der Einsteckrohre erfolgt auf einer Exzenterpresse. Die Rohre werden hierbei manuell eingelegt und das Ankuppen mit einer Zweihandschaltung ausgelöst. Die angekuppten Rohre werden anschließend in Gitterboxen zwischengelagert.

#### 7.2.1.2 Fertigung des Standrohres

Die Standrohre werden ebenfalls auf einer Metallkreissäge auf Länge zugeschnitten. Das Zuführen der Rohre vom Lager zur Säge und in der Säge auf Anschlag wird manuell durchgeführt. Die gesägten Rohre werden anschließend in einem Stapelgestell zwischengelagert.

#### 7.2.1.3 Fertigung der oberen und unteren Traversen

Die Traversen werden mit einer Metallkreissäge auf Maß zugeschnitten und zwischengelagert. Das Ausklinken auf beiden Stirnseiten erfolgt mit Ausklinkmaschinen, wobei die Zuführung und Positionierung der Rohre manuell erfolgt. Anschließend werden die Traversen in Gitterboxen abgelegt.
Problem: Die Sägetoleranzen werden beim Ausklinken nicht kompensiert.

Das Anschweißen der Standbolzen an die obere Traverse in einer Spannvorrichtung erfolgt manuell. Die Standbolzen werden hierbei als Fertigteil angeliefert. Die geschweißten oberen Traversen werden anschließend in Gitterboxen gelagert.

#### 7.2.1.4 Einschweißen des Einsteckrohres in das Standrohr

Der Mitarbeiter schiebt das Einsteckrohr in das Standrohr ein und fährt beide Rohre gegen Anschlag. Anschließend werden mittels eines MAG-Schutzgasschweißgerätes die beiden Rohre an mehreren Stellen zusammengepunktet. Das Drehen des Rohres und das Aufsetzen des Schweißbrenners erfolgt von Hand.

#### 7.2.1.5 Komplettschweißen des Rahmens

Die vorgefertigten Teile werden vom Schweißer aus dem Zwischenlager geholt und in der Schweißkabine bereitgestellt. Der Mitarbeiter legt die Teile in eine Schweißwendevorrichtung und schweißt den Rahmen aus. Nach der visuellen Kontrolle wird der Gerüstrahmen (ca. 20 kg) manuell entnommen und zu einem Stapel von 30 Rahmen für den Transport zur externen Verzinkerei zusammengestellt.

#### 7.2.1.6 Montagearbeitsplatz

Nach dem Verzinken werden die Gerüstrahmen von Zinknasen gesäubert, mit Innen- und Außenlehre kontrolliert, ggf. gerichtet und komplettiert (Kippstifte, Banderole). Anschließend werden die Gerüstrahmen zu Paketen mit je 30 Stück für den Versand bereitgestellt.

### 7.2.2 Arbeitsbedingungen

Nach dem Stand der Technik wird die Einzelteilfertigung in hoher Arbeitsteiligkeit mit geringen Arbeitsinhalten an Einzelarbeitsplätzen durchgeführt. Ein Großteil der für die Mitarbeiter anfallenden Tätigkeiten liegt im Teile-Handling (Transport, Einlegen, Entnehmen) und im Schweißen von Baugruppen.

Die Mitarbeiter sind bei dieser Art der Fertigung/Fertigungsorganisation außergewöhnlichen Belastungen ausgesetzt:

- kurzzyklische Arbeitsinhalte
- monotone Tätigkeiten
- Dämpfe und Spritzer beim Schweißen
- hohes Handhabungsgewicht der fertigen Rahmen (ca. 20 kg/Rahmen)

Die Arbeitssituation ist durch folgende, für den Mitarbeiter unbefriedigende Punkte gekennzeichnet:

- eingeschränkte Kommunikationsmöglichkeiten und soziale Isolation des Einzelnen durch Einzelarbeitsplätze und im gesamten Fertigungsbereich verteilte Arbeitsplatzanordnung,

- sehr geringe mentale Anforderungen durch Aufgaben, die nahezu ausschließlich auf Handhabungstätigkeiten reduziert wurden (Kontroll-, Steuerungs- und Planungsfunktionen werden generell durch andere Personen wahrgenommen),

- keine Handlungs- und Entscheidungsspielräume bezüglich Arbeitsverteilung oder Auftragsreihenfolgebestimmung, da diese Aufgaben ausschließlich vom Werkstattführungspersonal ausgeführt werden,

- stark eingeschränkte Lernmöglichkeiten bzw. Möglichkeiten der Erfahrungssammlung, -erweiterung, da andere Tätigkeiten nicht angeboten werden. Die formale Qualifikation der Mitarbeiter (Angelernte) bleibt daher auf sehr niedrigem Niveau,

- die praktizierte Form der Entlohnung bietet dem Mitarbeiter keine Möglichkeit, sich mit der Qualität seiner Arbeit zu identifizieren, da nur die Ausbringung in die Lohnfindung einbezogen wird.

## 7.3 Soll-Fertigung

Wie eingangs erwähnt, soll ein Teil des Produktionsspektrums in einem teilautomatisierten System zusammengefaßt werden. Das neue System umfaßt folgende Fertigungsbereiche:

- Einsteckrohrherstellung
- Fertigung des kompletten Standrohres
- Traversenfertigung
- Schweißen des Gesamtrahmens
- Schweißarbeitsplatz für die Sonderteile
- Montage

Das Layout des neuen Systems zeigt Bild 7.3.

Der neu aufgebaute Produktionsbereich ist in einer Halle untergebracht. Die Betriebsmittelaufstellung erfolgt nach Materialflußgesichtspunkten, d.h. die Fertigung großer Teile wie das Standrohr erfolgt auf einer durchgehenden Linie. Vom Zuschnitt bis zum fertigen Standrohr läuft die zukünftige Produktion automatisch ab. Die manuelle Übergabe vom Standrohrpuffer in die Schweißvorrichtung erfolgt nach ergonomischen Gesichtspunkten. Das anschließende Komplettschweißen und

Abstapeln ist automatisiert, das Entnehmen aus der Vorrichtung teilmechanisiert.

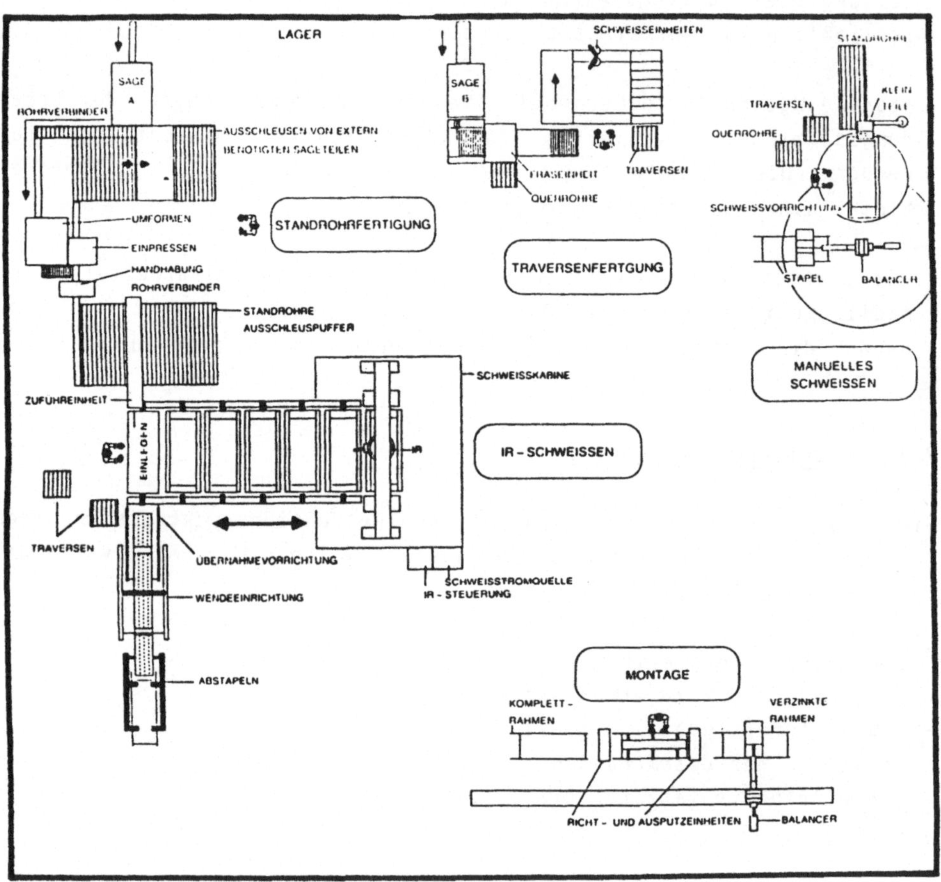


Bild 7.3: Layout "Gerüstrahmenfertigung"

Parallel zur Linienfertigung ist ein halbautomatischer Traversenschweißarbeitsplatz und ein manueller Schweißarbeitsplatz für Engpaßarbeiten und Sonderteilherstellung vorhanden. Alle Arbeitsplätze sind so gestaltet, daß die Mitarbeiter nicht taktgebunden zu den Maschinen (Puffer) arbeiten müssen. Um eine abwechslungsreichere Arbeit innerhalb der Gruppe zu erreichen, ist in das System der Montagearbeitsplatz mit integriert.

### 7.3.1 Einsteckrohrherstellung

Durch die Installation einer neuen, leistungsfähigeren Sägemaschine können die Einsteckrohre und die Standrohre auf derselben Maschine zugeschnitten werden. Die Einsteckrohre gleiten nach dem Sägevorgang über eine Rutsche in den Einsteckrohrpuffer. Von dort werden sie über eine Fördereinrichtung der automatischen Ankuppstation zugeführt. Nach dem Ankuppen erfolgt eine Positionierung für das Handhabungsgerät an der Einpresstation.

### 7.3.2 Standrohr mit Einsteckrohr verbinden

Das Einschweißen des Einsteckrohres in das Standrohr soll durch ein kraft- und formschlüssiges Einpressen ersetzt werden, da folgende Vorteile erwartet werden:

- besseres automatisches Verfahren,
- kostengünstigeres Verfahren,
- besseres optisches Aussehen.

Die Zuführbahn für das Standrohr ist zentrisch zum Einpreßwerkzeug ausgeführt, so daß ohne zusätzliches Handling eine genaue Positionierung im Einpresswerkzeug (Bild 7.4) ermöglicht wird.

Das Einsteckrohr wird durch ein Handhabungsgerät von der Entnahmeposition entnommen, in das Standrohr geführt und zentrisch positioniert. Anschließend erfolgt automatisch der Einpreßvorgang.

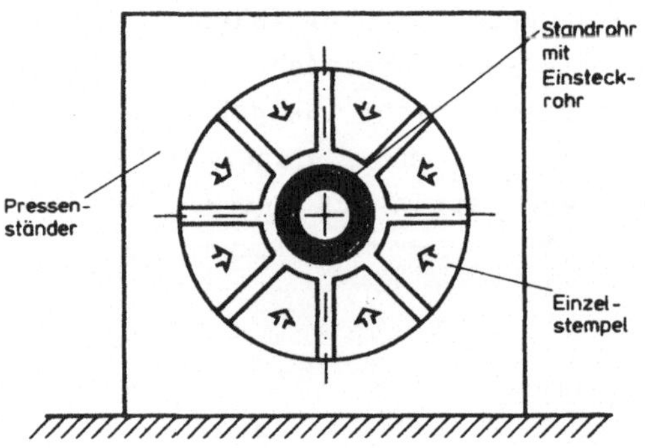


Bild 7.4: Einpreßstation

### 7.3.3 Traversenherstellung

Der Traversenzuschnitt soll weiterhin auf der gleichen Metallkreissäge wie im Ist-Zustand erfolgen. Lediglich die Rohmaterialzufuhr soll durch ein Zuführsystem automatisiert werden. Wie bereits beschrieben, ergeben sich im Istzustand Toleranzen, die für ein Industrieroboter-System nicht vertretbar sind. Hier ist vorgesehen, das Ausklinken durch ein Stirnwälzfräsen an beiden Seiten zu ersetzen. Dadurch würden die auftretenden Sägetoleranzen eliminiert. Bild 7.5 zeigt eine Prinzipskizze der Frässtation.

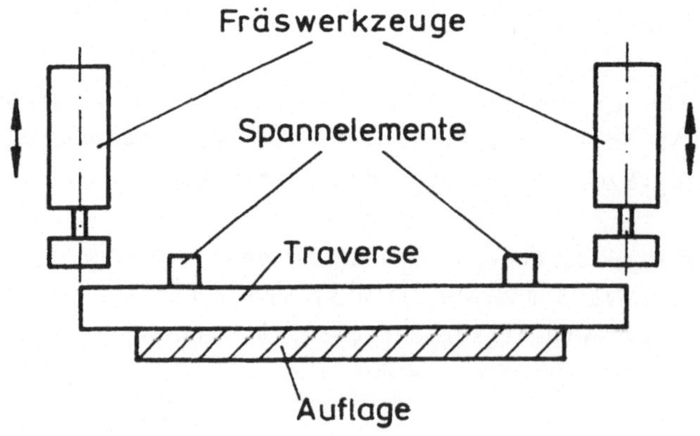


Bild 7.5: Frässtation

Die Traversenherstellung erfolgt vom Rohmaterialspeicher bis zum Puffer vor der Schweißstation automatisch.

Das Schweißen der oberen Traverse wird teilautomatisiert (siehe Bild 7.6). Die Schweißstation ist so aufgebaut, daß der Mitarbeiter entkoppelt ist.

Folgender Fertigungsablauf ist an der Schweißstation geplant:

Der Mitarbeiter legt die im Ausgabepuffer der Frässtation bereitgestellten Traversen in die Vorrichtung ein. Aus einem zusätzlich bereitgestellten Kleinteilepuffer werden die Sternprofile entnommen und eingelegt. Die Vorrichtungen fahren nach dem Einlegen in einen Puffer mit einem Fassungsvermögen von zehn Vorrichtungen. Das Einschleusen in die Schweißposition und das Ausschweißen erfolgt automatisch. Nach dem Schweißen werden die Vorrichtungen in einem Ausgabepuffer für den neuen Einlegevorgang bereitgestellt.

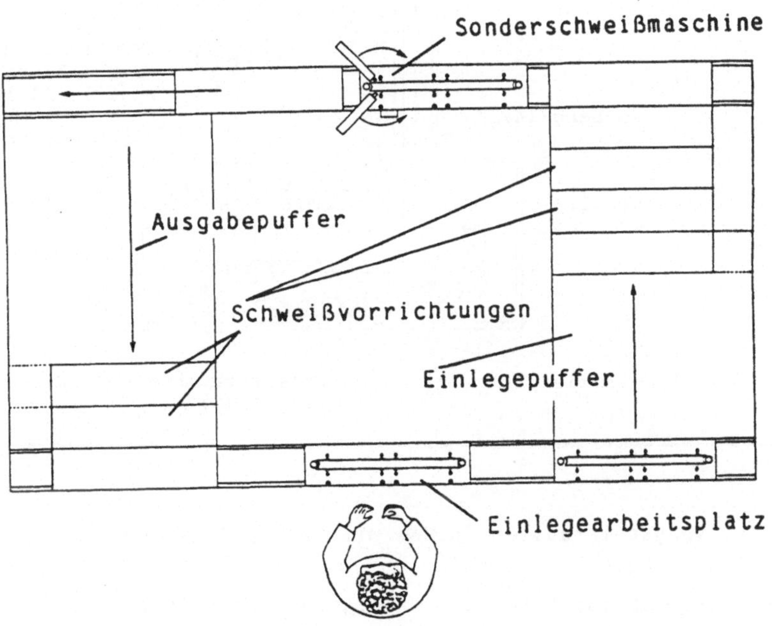


Bild 7.6: Traversenschweißstation

### 7.3.4 Industrierobotersystem zum Schutzgasschweißen

Um eine Entkopplung des Ein-/Auslegers von mindestens 15 min. vom Takt des Industrieroboters zu erreichen, wird die in Bild 7.7 dargestellte Konzeption vorgeschlagen.

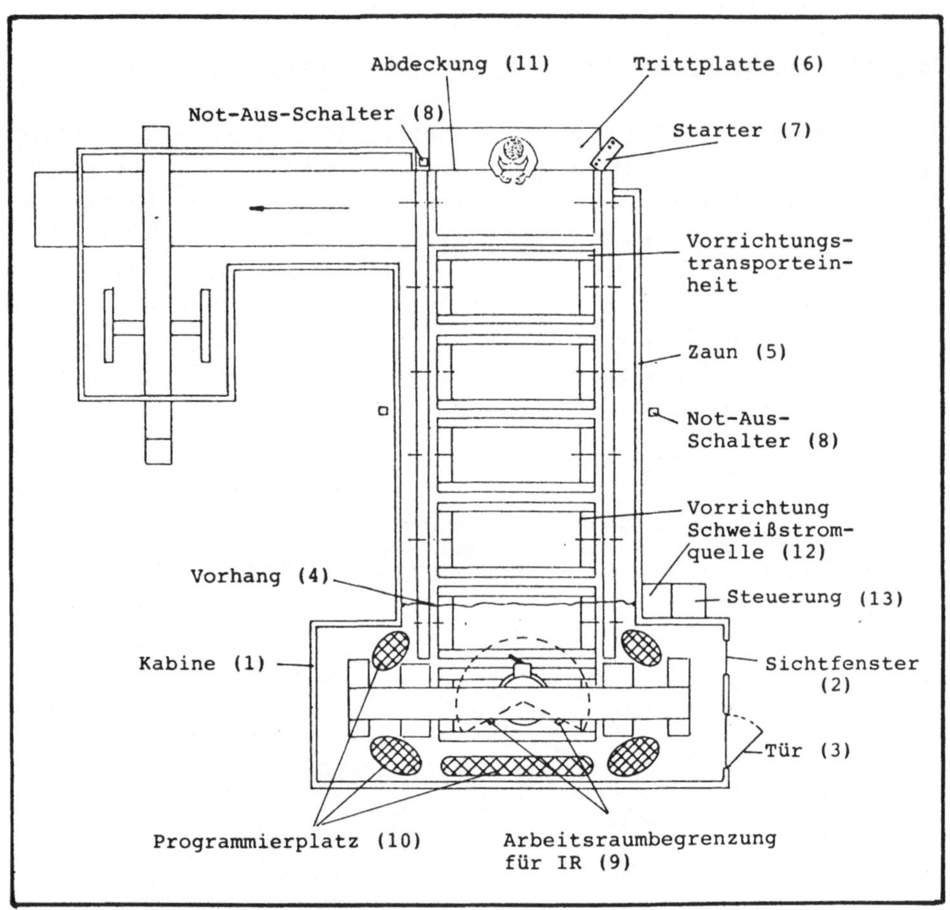


Bild 7.7: Industrieroboter-System mit Abstapelstation

Das Industrierobotersystem weist folgende Komponenten auf:

* Industrieroboter zum Schutzgasschweißen
  - Industrieroboter mit großem Arbeitsraum, hängend an einem Linienportal montiert,

- Industrieroboter ohne Nahtsuch- und Nahtverfolgungssystem.

* Ein Vorrichtungspuffer mit ca. acht Vorrichtungen
  - zwei Förderebenen als Einlege- und Ausgabepuffer,
  - obere Ebene geht zum Industrieroboter,
  - untere Ebene kommt vom Industrieroboter.

* Industrieroboterseite des Fördersystems
  - Umsetzeinheit der Spannvorrichtungen von oberer auf untere Förderebene mit Positioniereinrichtung für Industrieroboter-Schweißen (8 x $45^{o}$ positionierbar).

* Einlege- und Ausgabeseite des Fördersystems
  - Umsetzeinheiten der Spannvorrichtung von unterer auf obere Ebene,
  - Positioniermöglichkeit der Spannvorrichtung zum Einlegen und Entnehmen,
  - Entnehmen der Fertigrahmen halbautomatisch auf Fördereinrichtung.

* Wende - und Abstapeleinrichtung
  - automatischer Transport zur Wendeeinrichtung,
  - Wenden um Querachse ($180^{o}$) z.B. mit einem über dem Band angeordneten Kettenförderer, der den Rahmen abhebt und wieder mit Rückseite voraus ablegt und dadurch wendet,
  - Abstapeleinrichtung am Ende dieser Förder- und Wendestrecke, die die Rahmen zu einem Stapel mit 24 Rahmen ablegt,
  - Komplettrahmenstapelpuffer für Abtransport, so daß ein voller Stapel seitlich aus der Abstapeleinrichtung ausgeschleust werden kann.

#### 7.3.4.1 Sicherheitseinrichtungen

a) Automatikbetrieb

Die Industrieroboteranlage ist im Automatikbetrieb nicht zugänglich (siehe Bild 7.7). Im Bereich des Industrieroboters ist eine Kabine (1) mit abgedunkeltem Sichtfenster (2) und überwachter Tür (3) installiert. Um einen ausreichenden Blendschutz für den Ein-/Ausleger zu erreichen, ist über die Spannvorrichtungszuführung ein Vorhang (4) installiert.

Die Pufferstrecke wird durch einen Zaun (5) abgesichert.

Das Ein-/Auslegen der Werkstücke erfolgt in einem durch eine Trittplatte (6) abgesicherten Bereich. Das Ein- und Ausschwenken der Vorrichtungen wird durch eine ortsbindende Zweihandschaltung (7) ausgelöst. Im Einlegbereich und beiderseits der Pufferstrecke sind Not-Aus-Schalter (8) installiert.

Die an das Industrieroboter-System gekoppelte Abstapeleinrichtung ist ebenfalls mit einem Zaun (5) komplett abgesichert. Der Stapelentnahmebereich wird durch Lichtschranken überwacht.

b) Programmieren

Der Bewegungsraum des Industrieroboters ist durch verstellbare mechanische Anschläge (9) begrenzt. Programmierstandflächen (10) sind auf dem Hallenboden markiert. Zur Vermeidung von Quetsch- und Scherstellen an der Umsetzeinheit und den Spannvorrichtungen werden Abdeckungen (11) angebracht. Schweißstromquelle (12) und Steuerschrank (13) sind außerhalb der Schweißkabine aufgestellt.

Programmwechsel und Umrüsten kann außerhalb des Gefahrenbereichs vorgenommen werden.

#### 7.3.4.2 Beschreibung des Fertigungsablaufs im Industrieroboter-System

Ein Mitarbeiter legt die in griffgünstiger Höhe bereitgestellten Standrohre und die auf Paletten gelagerten Traversen in die Spannvorrichtungen ein, die um 30° bis 45° geneigt werden kann, um die Teile besser einlegen zu können. Die obere Traverse wird als vorgeschweißte Baugruppe eingelegt. Kleinteile wie Haltebolzen und Bordbretthalter werden in Bunkern über der Vorrichtung bereitgestellt. Nach Beendigung des Einlegens spannt der Mitarbeiter manuell den Rahmen mit einem zentralen Spannhebel und übergibt die Vorrichtung dem Fördersystem, das den Rahmen in die Pufferstrecke vor dem Industrieroboter fördert.

Das Fördersystem, auf dem der Spannrahmen bewegt wird, ist als Friktionsrollensystem ausgelegt. Die Pufferstrecke soll so ausgelegt sein, daß sich für den Mitarbeiter eine Entkopplungszeit von ca. 15 bis 20 min. ergibt (Anzahl der Spannvorrichtungen x Taktzeit).
Am industrieroboterseitigen Ende der Förderstrecke befindet sich eine Hub-Senk- bzw. Umsetzeinheit, die den Rahmen in eine Drehvorrichtung

für das Industrieroboter-Schweißen bringt. Nach dem beidseitigen Schweißen des Rahmens wird dieser auf der unteren Förderebene zum Industrieroboter-Bediener zurückgeführt. Diese Strecke dient ebenfalls als Puffer vor der Entnahmestation. Das Umsetzen der Vorrichtung von der unteren Ebene in die Einlege-/Entnahmestation erfolgt automatisch. Dort werden die Schweißnähte des Rahmens auf beiden Seiten kontrolliert, anschließend der Rahmen durch den zentralen Spannhebel freigegeben, auf die unter die Spannvorrichtung fahrende Aufnahmevorrichtung übergeben und zur Wendestation transportiert. Nachdem die Spannvorrichtung leer ist, wird diese vom Mitarbeiter in die Einlegeposition gedreht und der Vorgang beginnt wieder von vorne.

### 7.3.5 Manueller Schweißarbeitsplatz

Die saisonalen Stückzahlschwankungen und die Fertigung von Sonderrahmen machen es erforderlich, einen manuellen Schweißarbeitsplatz in das Arbeitssystem zu integrieren. Der Arbeitsplatz wird so aufgebaut, daß Verbesserungen der Arbeitssituation erreicht werden durch:

- Balancer zum Entnehmen und Abstapeln der Komplettrahmen,
- punktuelle Schweißrauchabsaugung am Entstehungsort,
- dreh- und schwenkbare Spannvorrichtung,
- Standrohre, Traversen und Kleinteile werden auf Einleghöhe bereitgestellt.

### 7.3.6 Montagearbeitsplatz

Der Montagearbeitsplatz weist eine Gerüstbereitstellungs-, eine Montage- und eine Gerüsteablagestation auf. Das Umsetzen der Rahmen wird mit Hilfe eines Balancers, der an einem Linienportal installiert ist, durchgeführt.

Der Arbeitsablauf am Montagearbeitsplatz sieht wie folgt aus:

- Umsetzen eines Rahmens in die Montagestation,
- Spannen des Rahmens in die Vorrichtung,
- Auslösen der Richt- und Fräseinheit zum automatischen Bearbeiten der Rahmenenden,
- Säubern des Rahmens von Zinkresten,

- Montieren von Kleinteilen,
- Lösen des Rahmens aus der Vorrichtung,
- Rahmen mit Balancer aus Vorrichtung entnehmen und auf Ablagestation ablegen.

Die Materialbereitstellung und -abfuhr wird durch einen Transportarbeiter vorgenommen.

### 7.3.7 Arbeitsbedingungen

#### 7.3.7.1 Bereich Standrohrfertigung

Durch die Umgestaltung des Säge- und des Rohrverbindungsarbeitsplatzes zu einem weitgehend automatisierten Gesamtsystem zur Standrohrfertigung wird das Tätigkeitsspektrum verlagert. Der Mitarbeiter ist jetzt für die Maschinenüberwachung und für die Materialbereitstellung verantwortlich. Die direkten Belastungen "hohes Handhabungsgewicht" und "Lärm beim Sägen" werden beseitigt bzw. erheblich reduziert (Kapselung der Säge). Durch das Arbeiten aus einem Rohteil- in einen Fertigungspuffer besteht keine Taktbindung für den Mitarbeiter.

#### 7.3.7.2 Bereich Traversenfertigung

Die aus dem Schweißprozeß resultierenden direkten Belastungen "Schweißgase" und "Verblitzen der Augen", sowie die Komponente "soziale Isolation" können vollständig beseitigt werden. Durch den Einsatz von Materialpuffern ist eine ausreichende Entkopplung des Mitarbeiters vom Betriebsmittel gewährleistet. Der Arbeitsumfang ist zwar reduziert worden, wird jedoch durch die Maßnahmen des Arbeitsplatzwechsel kompensiert.

#### 7.3.7.3 Industrieroboter-Schweißarbeitsplatz

Die Tätigkeiten des Mitarbeiters an der Industrieroboter-Schweißanlage haben sich gegenüber der Ist-Situation weitgehend verändert. Direkte Schweißarbeiten werden vom Industrieroboter übernommen, so daß die damit verbundenen Belastungen für den Mitarbeiter beseitigt sind. Über die Beschickungstätigkeit am Anlagen-Puffer hinaus, kann der Mitarbeiter folgende Aufgaben wahrnehmen:

Qualitätssicherung im Sinne von Sichtprüfung und Nacharbeit bzw. Korrektur des Programms der Schweißanlage. Desweiteren Einrichten und Programmieren der Anlage bei Umrüstvorgängen oder Auflage eines neuen bzw. anderen Produktes. Die Überwachung sowie Pflege und Wartung der Schweißanlage sind ebenfalls Bestandteil der Arbeitsaufgaben.

Die Belastungen während der Beschickung des Materialpuffers (Teilehandling) werden weitgehend durch die Bereitstellung des Materials in ergonomisch griffgünstiger Lage vermieden. Der Puffer selbst bietet genügend Freiraum, um der individuellen Leistungsabgabe des Mitarbeiters gerecht zu werden.

#### 7.3.7.4 Montage des Komplettrahmens

Durch die völlige Umgestaltung dieses Arbeitsplatzes konnten die ursprünglichen Belastungen auf ein Minimum reduziert werden. Der Einsatz eines Balancers als Hebehilfe löst den Mitarbeiter in Bezug auf Handhabung völlig ab (ausgenommen der Steuerungsfunktion). Die erforderlichen Arbeiten zur Komplettierung des Rahmens werden z.T. automatisch mit geänderten Verfahren (Fräsen statt Ausklinken; hydraulisch Richten statt mit dem Hammer), die weniger oder nicht emissionsbehaftet sind, ausgeführt. Die verbleibenden manuellen Tätigkeitselemente werden in ergonomisch günstiger Arbeitshöhe vorgenommen.

### 7.3.8 Organisatorisches Rahmenkonzept für das Arbeitssystem

Das Betreiben des Industrieroboter-Arbeitssystems erfordert entsprechend den Produktionsschwankungen eine Anpassung des Personalbestandes. Grundsätzlich wird davon ausgegangen, daß zumindest vier Mitarbeiter für eine Arbeitsschicht erforderlich sind. Die damit verbundene Arbeitsteilung (Arbeitsplätze) gliedert sich wie folgt auf:

- Industrieroboter-Bedienung
- Montagearbeit
- Maschinenüberwachung, Materialdisposition, Transport
- Manueller Schweißarbeitsplatz (Komplett-Rahmen)

- Traversenschweißen/-bearbeiten

Je nach Automatisierungsgrad des Traversenschweiß-Arbeitsplatzes kann - bei hoher Automatisierung - die anfallende Materialbereitstellung durch den Mitarbeiter des manuellen Schweißens übernommen werden oder - bei niedriger Automatisierung - durch einen weiteren Mitarbeiter ausgeführt werden. Die gewählte Struktur bzw. Arbeitsteilung zielt darauf ab, daß möglichst unterschiedliche Tätigkeiten im Arbeitssystem ausgeführt werden, die als Gesamtes gesehen ein breites Aufgabenspektrum darstellen.

Die verbleibenden Belastungen psychischer und physischer Natur - obwohl sie gegenüber dem Ist-Zustand bereits beträchtlich reduziert sind - bieten Anlaß zur organisatorischen Maßnahme der Einführung von Arbeitsplatzwechsel. Gerade durch die Vielfalt der anfallenden Tätigkeiten im Gesamtsystem kann somit eine ausreichende Gewähr für den Belastungswechsel der Mitarbeiter gegeben werden.

Als zusätzlichen Effekt bewirkt diese Maßnahme eine Erhöhung der Personaleinsatzflexibilität, da jeder Mitarbeiter des Arbeitssystems alle anfallenden Tätigkeiten beherrschen muß. Im Urlaubs- oder Krankheitsfall einzelner Mitarbeiter können somit ohne großen Aufwand auch qualitativ anspruchsvollere Tätigkeiten von Systemarbeitern übernommen werden. Die qualifikatorischen Anforderungen, die an die System-Mitarbeiter gestellt werden, sind daher von Natur aus in Quantität und Qualität höher als die bisherigen. Dementsprechend ist der Einarbeitungsaufwand größer - insbesondere für die Industrieroboter-Programmierung und Wartung - als für einfache Anlerntätigkeiten.

Dieses Konzept stellt auch die Voraussetzung für die weiterführenden organisatorischen Maßnahmen zur Bewältigung der Kapazitätsteilungsstrategien dar. Dort wird es nämlich erforderlich, daß zu Zeiten von Bedarfsspitzen von Ein- auf Zwei-Schicht-Betrieb ausgeweitet werden muß, wobei das erforderliche Personal für die qualitativ anspruchsvollen Tätigkeiten aber nicht bereitsteht. Als Lösung bietet sich an, das "reguläre" Arbeitsteam zu splitten und zwei Arbeitsgruppen zu bilden, deren fehlende Mitglieder aus anderen Fertigungsbereichen ergänzt werden. Durch dieses Vorgehen wird sichergestellt, daß einerseits die schwierigen Systemarbeiten durch die Mitarbeiter aus dem "regulären" Team ausgeführt werden können und andererseits die notwendige manuelle Kapazität für die einfacheren Systemarbeiten durch systemfremdes Personal abgedeckt werden kann.

Der manuelle Schweißarbeitsplatz wurde u.a. deshalb in das Arbeitssystem integriert, weil damit zusätzliche positive Aspekte für die Arbeitsgruppe erfüllt werden:

- der Qualifikationserhalt in Bezug auf Schweißerqualifikation,
- die Erweiterung der Personaleinsatzflexibilität durch einen weiteren System-Mitarbeiter,
- zusätzliche Systemkapazität,
- Erweiterung des Aufgabenspektrums der Systemgruppe und damit die Möglichkeit zum Belastungswechsel bei Einführung des job-rotation.

### 7.3.9 Zur Lohnform im Arbeitssystem

Bisher wurden alle direkt tätigen Mitarbeiter des Fertigungsbereichs im Einzelakkord entlohnt. Bei einer Fertigungsstruktur mit Einzelarbeitsplätzen und niedrigem Automatisierungsgrad hat diese Lohnform durchaus ihre Berechtigung. Im neuen Arbeitssystem, das dadurch gekennzeichnet ist, daß eine gesamtheitliche Fertigungsaufgabe durch eine Arbeitsgruppe mit z.T. hochautomatisierten, kapitalintensiven Betriebsmitteln gelöst wird, erscheint diese Form der Entlohnung unangepaßt. Insbesondere den Faktoren "Arbeitsgruppe", "Betriebsmittelwartung/-pflege" und "Güte der Produkte" würde bei Anwendung des Einzelakkords nur ungenügend Rechnung getragen. Um diese Aspekte zu berücksichtigen, bietet es sich an, eine Form der Gruppenentlohnung zu installieren, die gleichwertig von den Größen

- Produktqualität,
- Ausbringung und
- Betriebsmittelverfügbarkeit

beeinflußt wird.

Die "Produktqualität" wird maßgeblich vom Zuschnitt der Teile (Vorfertigung: Sägen, Fräsen) und von den Schweißarbeiten (wie Industrieroboter-Schweißen, Traversenschweißen) bestimmt.

Der schwankende Einfluß der Materialqualität ist zwar nicht unerheblich, kann aber aus Kostengründen nicht eliminiert werden. Durch den

Übergang zu einem höheren Qualitätsstandard des Ausgangsmaterials würde der ohnehin schon hohe Materialanteil (ca. 60 % der Herstellkosten) am Rahmen so stark zu Buche schlagen, daß eine Gefährdung der Wettbewerbsfähigkeit zu erwarten wäre. Demzufolge müssen Materialschwankungen als Qualitätseinflußgrößen durch Mittelwertbildung (beobachtete Einbrüche aufgrund schlechter Materialien) eliminiert werden.

Da die Arbeitsgruppe die Produktqualität selbst beurteilt, können die ermittelten Prüfergebnisse nicht als Basis für einen qualitätsbezogenen Lohnanteil verwendet werden. Eine Qualitätsprämie kann jedoch ermittelt werden, wenn Bereichskontrolleure Stichproben aus dem Arbeitssystem entnehmen. Gedacht wird hier an eine monatliche Prämie für die gesamte Arbeitsgruppe.

Die "Ausbringung" kann über das gesamte Arbeitssystem hinweg in den Gruppenlohn als Akkordgröße einfließen. Zu beachten ist, daß der manuelle Arbeitsplatz für das Komplettrahmenschweißen mit einbezogen ist und daß eine Obergrenze der Systemausbringung festgelegt werden sollte, um Mitarbeiter und Betriebsmittel nicht zu überfordern.

Die Festlegung der genauen Werte kann erst erfolgen, wenn sich das Arbeitssystem im eingeschwungenen Zustand befindet. Die theoretischen Plandaten für beispielsweise die Industrieroboter-Kapazitätsberechnung können nicht herangezogen werden, da die Berechnung zuviele Größen enthält, deren tatsächliche Schwankungsbreite noch nicht festliegt.

Der Einflußfaktor "Betriebsmittelverfügbarkeit" sollte nicht direkt im Lohn pro Stunde berücksichtigt werden, weil eine laufende Verfügbarkeitsabfrage der Arbeit eher hinderlich als förderlich ist. Jedoch kann mit statistischem Material am Jahresende eine Betriebsmittelverfügbarkeit errechnet werden, die als Basis für eine Gratifikation der Gruppenmitarbeiter herangezogen werden kann. Auch in diesem Fall kann eine genaue Ermittlung der Basisdaten erst erfolgen, wenn sich das Arbeitssystem im eingeschwungenen Zustand befindet.

Im Übergangszustand sollte Zeitlohn installiert werden, um die Einarbeitungsphase vom Produktionsdruck freizuhalten. Fehler bei der Betriebsmittelbedienung/-überwachung werden durch diese Maßnahme weitgehend ausgeschlossen.

Ein weiterer zu beachtender Aspekt bei der Einführung von Gruppenlöhnen stellt die Übergabe des Arbeitssystems von einer Schicht zur nächsten Schicht dar. Die dabei auftretenden Probleme der Beurteilung des Betriebsmittelzustands und der Halbfabrikatanzahl im System erfordert tägliche Kontrolltätigkeiten des Meisters. Unzufriedenheiten von einer Gruppe zur nächsten sind dabei nur schwer zu vermeiden. Als Abhilfe bzw. als Problemlösungsansatz kann eine Zusammenfassung beider Arbeitsgruppen zu einem gemeinsamen Systemteam angesehen werden. Damit besteht eine homogene Basis für die Bewertung der Arbeit, die auch im Sinne der Selbststeuerung der Arbeitsgruppe liegt.

Die gesamte Schichtübergabeproblematik wird dadurch beseitigt. Gemessen werden nur Input- und Outputdaten des Gesamtsystems, die dann als Grundlage für die Entlohnung dienen. Innerhalb der Arbeitsgruppe kann damit auch der Personalaustausch einfacher erfolgen. Zu erwartende Schwierigkeiten sind bei einer derartigen Zusammenfassung in der entstehenden Gruppengröße zu sehen, die mit der Steigerung von Einzelinteressen durch die Anzahl der Mitarbeiter zu Gruppenkonflikten führen kann. Dementsprechend sind die Mitarbeiter für das Systemteam nicht nur nach ihren individuellen Fähigkeiten auszuwählen, sondern auch nach ihrer Einstellung zur Teamarbeit, zur Kooperationsbereitschaft und zur Toleranz gegenüber anderen Mitarbeitern.

Trotz der beschriebenen Risiken bei der Einführung einer schichtübergreifenden Gruppe scheinen die Vorteile, insbesondere im Hinblick auf den hohen Autonomiegrad der Gruppe und der reduzierten Reibungsverluste bei Schichtübergabe, zu überwiegen. Es sollte von dieser Konzeption ausgegangen werden, zumal die Größe der Gesamtgruppe mit etwa acht bis zehn Mitarbeitern als durchaus noch überschaubar angesehen werden kann.

Aufgrund der Tatsache, daß allen System-Mitarbeitern alle anfallenden Tätigkeiten übertragen werden und somit die Systemqualifikation der Mitarbeiter gleich ist, wird keine Differenzierung auf Lohngruppenebene vorgenommen. Insgesamt steigt die Lohnhöhe gegenüber dem Ausgangszustand an, weil nach analytischer Arbeitsbewertung zwar die Belastungssituation gemildert wird, die Anforderungen an Fähigkeiten, Kenntnisse und Verantwortung aber ansteigen. Eine Steigerung des Lohnniveaus um eine bis zwei Lohngruppen ist daher denkbar.

# 8 TYP 7

## 8.0 Charakterisierung

Die Produktionsbedingungen beim Typ 7 sind

- große Teilevielfalt,
- große Losgröße und
- kleine Werkstücke.

Es sind mehrere parallele oder miteinander verkoppelte Industrieroboter-Systeme erforderlich, um diese Produktionsbedingungen erfüllen zu können. Daher kann man Typ 7 als aus mehreren der bereits beschriebenen Einsatzfalltypen zusammengesetzt ansehen. Es kommen dafür die Typen 3 oder 5 in Frage. Wird Typ 3 als Grundtyp herangezogen, so kann jeder Industrieroboter alle Teile bearbeiten, allerdings nur in beschränkter Losgröße - damit herrscht Mengenteilung. Typ 5 als Grundtyp bedeutet, daß jeder Industrieroboter nur auf bestimmte Werkstücke programmiert ist, die er in großer Stückzahl produziert (Artteilung).

In der beschriebenen Einsatzfallplanung wird Typ 3 als Baustein zugrundegelegt. Diese Lösung beinhaltet größere Flexibilität und ermöglicht in einem System mit gemeinsamem Materialfluß geringere Stillstandszeiten und besseren Taktabgleich, als wenn man Typ 5 als Baustein wählt.

Wie schon in den anderen beschriebenen Fällen wird auch hier die Betreuung des Gesamtsystems von einer Arbeitsgruppe nach dem Prinzip "Fertigungsinsel" durchgeführt.

## 8.1 Allgemeines zur Firma

Ein mittelständisches Unternehmen fertigt mit ca. 3000 Mitarbeitern Maschinen für den landwirtschaftlichen Bedarf. Die Teilevielfalt ist hoch und es wird in größeren Losen gearbeitet. Im Bereich der Punktschweißerei ist in der Firma ein Produktionsengpaß vorhanden, der durch eine Rationalisierungsmaßnahme mit Industrierobotern beseitigt werden soll. Die Planung des neuen Systems soll dabei nicht nur nach Rationalisierungsgesichtspunkten durchgeführt werden, sondern es sollen auch die Arbeitsbedingungen gegenüber der jetzigen Fertigung verbessert werden. Angestrebt wird ein Kompromiß von beiden Bedingungen.

## 8.2 Ist-Fertigung

### 8.2.1 Layout

Die gesamten Punktschweißarbeiten der Firma werden in einer Produktionshalle durchgeführt. Insgesamt sind sechs Punktschweißarbeitsplätze vorhanden, die ständig besetzt sind. Die einzelnen Arbeitsplätze werden durch Lichtschutzvorhänge voneinander getrennt. Zur besseren Handhabung sind die Punktschweißzangen an Balancern aufgehängt. Für die Aufnahme der Spannvorrichtungen ist jeweils ein Vorrichtungstisch vorhanden.

Das Zwischenlager für die Roh- und Fertigteile ist zentral in der Produktionshalle untergebracht. Die Spannvorrichtungen befinden sich in einem Palettenregal. Bild 8.1 zeigt die Produktionshalle der Schweißerei.

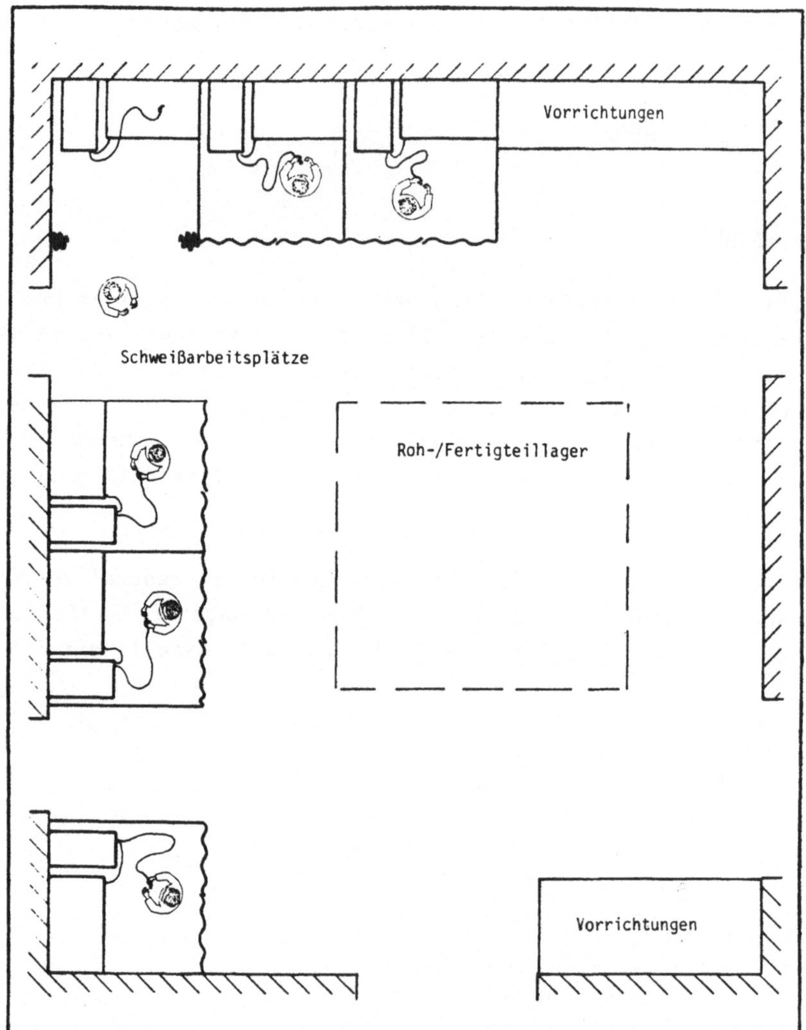


Bild 8.1: Layout der Punktschweißerei

## 8.2.2 Beschreibung des Fertigungsablaufs "Abdeckhaube"

Repräsentativ für das gesamte Produktionsspektrum soll der Fertigungsablauf am Beispiel des Werkstücks "Abdeckhaube" dargestellt werden. Die Abdeckhaube dient als Schutzvorrichtung für einen Riemenantrieb.

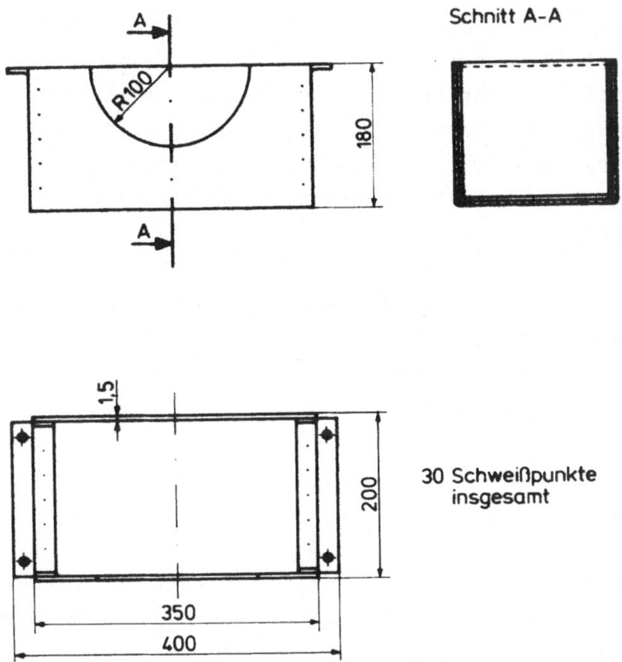


Bild 8.2: Abdeckhaube

Die Einzelteile kommen fertig bearbeitet und zu Aufträgen zusammengestellt in das Rohteillager. Dort entnimmt der Punktschweißer seinen Auftrag, rüstet seinen Arbeitsplatz und beginnt den Auftrag abzuarbeiten. Die vorgebogenen Teile werden in die Spannvorrichtung eingelegt und mechanisch gespannt. Anschließend nimmt er die Punktschweißzange, die an einem Balancer aufgehängt ist, und punktet die 30 Schweißpunkte der Abdeckhaube. Um eine bessere Zugänglichkeit zu erreichen, ist der Vorrichtungstisch schwenkbar. Nach Abarbeitung des Auftrags werden die Werkstücke in das Fertigteillager gebracht.

### 8.2.3 Arbeitsorganisation

Im Zuge der fortschreitenden technischen Entwicklung und der praktizierten Form der Arbeitsteilung wurde der Arbeitsinhalt auf ein Minimum reduziert. Die verbleibenden Tätigkeiten für die Mitarbeiter werden an Einzelarbeitsplätzen in Akkord ausgeführt.

Alle dispositiven Aufgaben, die das Arbeitssystem betreffen, wie beispielsweise Festlegung der Losgrößen, der Auftragsreihenfolge, der Arbeitsplatzbelegung, des Personaleinsatzes usw., werden von der Fertigungsvorbereitung oder dem Fertigungsmeister wahrgenommen. Entsprechende Handlungs- und Entscheidungsspielräume für die Mitarbeiter sind somit nicht vorhanden.

Die Produktqualität wird in Stichproben vom Fertigungsmeister überwacht, wie auch die übrigen Kontrolltätigkeiten ausschließlich von ihm wahrgenommen werden (Fertigungsfortschritt, Materialverfügbarkeit, Betriebsmittelzustand, Einhaltung der Arbeitszeit etc.).

### 8.2.4 Arbeitsbedingungen

Bei der Ausübung der Schweißtätigkeit arbeitet der Mitarbeiter in stehender Haltung; aufgrund der Zugänglichkeit mancher Schweißpunkte ist das Ansetzen der Schweißzange nur gebückt oder gereckt möglich. Der Schichtdurchsatz an Material beziffert sich je nach Anzahl der Schweißpunkte pro unterschiedlichem Werkstück und somit der Taktzeit zwischen drei und sieben Tonnen pro Schicht bei einem Leistungsgrad von 130 %. Statische Haltearbeit ist aufgrund der entlasteten Aufhängung der Schweißzangen nicht erforderlich. Eine direkte Taktbindung liegt nicht vor, wohl aber eine - bedingt durch die Lohnform - selbstbestimmte. Vordringlich zu verbessern sind somit die Arbeitshaltung und das Teilehandling.

Der geringe Arbeitsinhalt des Punktschweißens - je nach Werkstück zwischen einer und fünf Minuten - und die Tatsache, daß vorwiegend große Stückzahlen je Los anfallen, bewirken eine ausgeprägt monotone Belastung des Mitarbeiters. Hinzu kommt, daß die Tätigkeit nur in Schweißkabinen ausgeführt wird, so daß wenig oder gar keine Möglichkeiten zur Kooperation oder Kommunikation mit Kollegen bestehen. Durch die Vorgabe der abzuarbeitenden Aufträge durch den Meister und die praktizierte Lohnform (Stücklohn) wird einerseits die soziale Isolation forciert und andererseits der Handlungs- und Entscheidungsspielraum des Mitarbeiters stark eingeengt.

## 8.3 Soll-Fertigung

### 8.3.1 Neukonzeption des Gesamtsystems bei Integration zweier Schweißroboter zum Punktschweißen

Wie eingangs erwähnt, sollen große Lose in hoher Teilevielfalt, bei kleinen Werkstückabmessungen bearbeitet werden. Diese Bedingungen sind jedoch nur zu erfüllen, wenn das Industrierobotersystem so ausgelegt wird, daß auf mehreren parallelen Industrieroboterzellen produziert werden kann. Die Entkopplung der Mitarbeiter vom Arbeitstakt der Industrieroboter soll dabei durch eine mechanische Maßnahme erreicht werden.

### 8.3.2 Allgemeine Beschreibung des Gesamtsystems

Das neue Industrierobotersystem (siehe Bild 8.3) soll in der bisherigen Produktionshalle untergebracht werden. Aufgrund der Randbedingung bzgl. der Losgrößen, der Teilevielfalt und der Werkstückabmessungen wird ein System mit parallel angeordneten Industrieroboterzellen, die über ein Umlaufband verkettet sind, angestrebt. Das System kann so betrieben werden, daß sich gleichzeitig acht unterschiedliche Werkstücke im Umlauf befinden können. Durch ein Erkennungssystem und unterschiedliche Kodierung der Werkstückträgerpaletten kann in jeder Schweißstation jeder Werkstücktyp durch Aufrufen des entsprechenden Programmes geschweißt werden. Dadurch kann in beliebiger Reihenfolge gefertigt werden.

Das Ein-/Auslegen der Werkstücke wird in Ausschleusstationen vorgenommen. Die Roh- und Fertiglager befinden sich in unmittelbarer Nähe der Ein-/Ausschleusstationen. In dem Industrierobotersystem sind die manuellen und die automatisierten Arbeiten voneinander getrennt. Dadurch kann eine Arbeitsgruppe aus vier Mitarbeitern gebildet werden, in der jeder alle Tätigkeiten beherrscht. Die soziale Isolation wird in dem System aufgehoben.

Bei Programmierarbeiten braucht nicht das ganze System stillgesetzt zu werden. Während ein Industrieroboter programmiert wird, können die beiden anderen Industrieroboter weiter fertigen. Ein weiterer Vorteil besteht in der Möglichkeit, die Lagerhaltung zu verringern. Wenn für

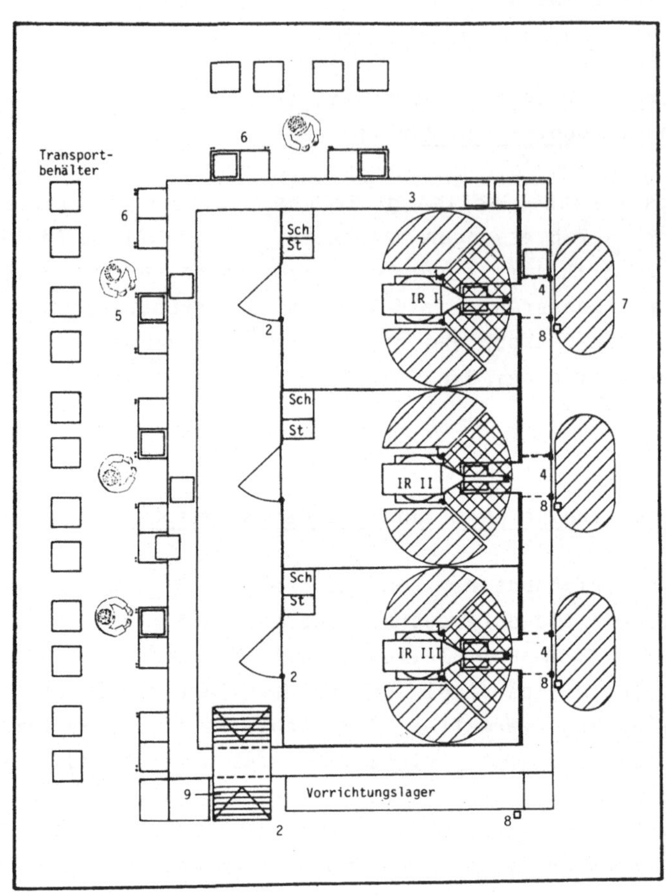


Legende:

| | | |
|---|---|---|
| St | = | Steuerung |
| Sch | = | Schweißstromquellen |
| 1 | = | Arbeitsraumbegrenzung |
| 2 | = | Überwachte Türen |
| 3 | = | Sicherheitszaun mit Klarsichtfolie gegen Funkenflug |
| 4 | = | Überwachte Fenster |
| 5 | = | Hubgitter zur Absicherung des Einlegeplatzes |
| 6 | = | Startsignal mittels 2-Handbedienung und integrierter Not-Aus-Schalter für Teilbereiche |
| 7 | = | Schutzzonen für Programmierarbeiten |
| 8 | = | Not-Aus-Schalter für jeden Teilbereich |
| 9 | = | Treppe |

Bild 8.3: Layout des Industrierobotersystems und Sicherheitseinrichtungen

ein Produkt z.B. verschiedene Schweißteile benötigt werden, so können diese Werkstücke parallel hergestellt werden. Man braucht deshalb nicht nacheinander alle acht verschiedenen Baugruppen zu schweißen und zwischenzulagern bis das letzte Teil fertig ist. Durch die verringerte Lagerhaltung wird auch die Kapitalbindung reduziert. Gleichzeitig ist schnellerer Produktdurchlauf möglich, da die Liegezeiten verkürzt werden.

### 8.3.3 Transport und Handlingsysteme

Die Transportaufgaben innerhalb des Gesamtsystems zwischen den Lagern und den Ein-/Auslegarbeitsplätzen werden mittels Palettenhubwagen realisiert. Es stehen insgesamt für das System zwei Palettenhubwagen bereit. Die Transportaufgaben werden durch die Mitarbeiter in dem System vorgenommen.

Handlingsysteme an den Ein-/Auslegstationen sind nicht vorgesehen, da das schwerste Werkstück maximal 15 kg Masse aufweist.

## 8.4 Konzeption des Industrierobotersystems zum Punktschweißen

Das Industrierobotersystem ist ausgelegt für große Losgrößen und für eine hohe Teilevielfalt. Die auf dem System zu bearbeitenden Werkstükke sind für Punktschweißaufgaben relativ klein (ca. 600x600x400 mm). Es wurde ein System mit drei Industrierobotern und einem Palettenumlaufsystem konzipiert. Die Paletten mit den aufgespannten Vorrichtungen werden direkt neben dem System gelagert und können automatisch in das System geschleust werden. Das Industrierobotersystem besteht aus folgenden Komponenten:

- drei Industrieroboter zum Punktschweißen
- Palettenlager mit automatischer Ein-/Ausschleusstation
- motorgetriebenes Friktionsrollenband mit Aus-/Einschleusstation an den manuellen Einlegestationen und an den Industrieroboterstationen
- Werkstückträgerpaletten mit Kodierung
- acht Doppeleinlegestationen
- Hubdrehpositionierern an den Industrieroboterschweißstationen
- Sicherheitskomponenten

### 8.4.1 Industrieroboter

Alle drei Industrieroboter haben jeweils ein Handhabungsgewicht von 65 Kg. Die Industrieroboter sind sechsachsig und haben eine Wiederholgenauigkeit von $\pm$ 0,2 mm. Für einen späteren Schweißzangenwechsel ist das zusätzliche Handhabungsgewicht durch die Wechseleinrichtung mit berücksichtigt. Die Speicherung der Programme erfolgt mittels Disketten. Wird ein bestimmtes Schweißprogramm aufgerufen (durch den einfahrenden Werkstückträger), wird das Schweißprogramm vom Diskettenlaufwerk auf die Industrierobotersteuerung überspielt.

### 8.4.2 Palettenlager mit automatischer Ein-/Ausschleusstation

Die Werkstückträgerpaletten werden in einem Vorrichtungslager mit automatischer Ein-/Ausschleusstation gelagert. Die Lagerkapazität beträgt 96 Trägerpaletten. Für jeden Spannvorrichtungstyp ist ein Lagerplatz vorgesehen. Von jedem Bedienerarbeitsplatz kann das Palettenlager angesteuert werden. Ist ein Auftrag abgearbeitet, wird vom Bediener an den zugehörigen Spannvorrichtungen ein Kodierstift gesetzt. Dies wird automatisch erkannt und die Spannvorrichtung direkt in das Vorrichtungslager eingeschleust.

### 8.4.3 Trägerpalettenumlaufsystem

Das Trägerpalettenumlaufsystem ist als Friktionsrollenbahn aufgebaut. Im Bereich der Ein-/Auslegestationen ist die Rollenbahn durch kleine Hubeinheiten mit Schiebeschlitten unterbrochen. Läuft ein Werkstückträger vor die Station, wird dieser gestoppt, mit der Hubeinheit angehoben und mit einem Schiebeschlitten in die Station geschoben. Die gleiche Mechanik ist auch vor jeder Industrieroboterzelle installiert.

### 8.4.4 Positionierer am Industrieroboter

In jeder Industrieroboterzelle ist ein Hubdrehtisch installiert. Die Werkstückträgerpalette wird mit dem Schiebeschlitten auf den Positionierer gesetzt. Anschließend wird der Träger automatisch fixiert. Der Werkstückträger wird hochgefahren, Abdeckplatten schwenken vor und decken die Mechanik des Positionierers ab. Anschließend wird geschweißt, wobei der Positionierer in seiner horizontalen Lage 8 x 45 Grad getaktet werden kann.

### 8.4.5 Schweißausrüstung

Die Widerstandspunktschweißzangen an den Industrierobotern sind Trafozangen, d.h. sie besitzen integrierte Schweißtransformatoren mit einer Nennleistung von 30 KVA bei 50 Prozent ED. Die Elektrodenausladung beträgt 400 mm. Die Elektroden und der Trafo sind wassergekühlt.

### 8.4.6 Sicherheitskomponenten

Das Industrierobotersystem ist so gestaltet, daß möglichst keine Gefährdung für den Menschen auftreten kann. In dem System können alle Industrieroboter einzeln betrieben werden. Die Not-Aus-Einrichtungen für die Gesamtanlage sind mit einer rundumlaufenden Reißleine verbunden. Die einzelnen Teilbereiche sind genau gekennzeichnet und können jeweils mit dem zugeordneten Teilbereichs-Not-Aus-Schalter stillgesetzt werden. In jeder Industrieroboterzelle ist genügend Platz vorhanden und die Programmierplätze sind farblich gekennzeichnet. Der Programmierplatz außerhalb des Umlaufbandes befindet sich außer Reichweite des Industrieroboters. Die Abgrenzung zu den umlaufenden Paletten erfolgt mittels einer Sichtscheibe. Sind trotzdem manuelle Eingriffe, z.B. an der Schweißzange erforderlich, kann der Industrieroboter in maximale Ausladung gefahren werden. Anschließend öffnet man das Bedienfenster (Palettendurchlauf wird kurzfristig unterbrochen) und kann die Arbeiten durchführen.

#### Arbeitsraumbegrenzung

Durch die mechanische Arbeitsraumbegrenzung (1) des Industrieroboters werden Schutzzonen (7) für den Programmierer geschaffen .

#### Überwachte Türen

Jede Industrieroboterzelle ist durch eine überwachte Zugangstüre (2) zugänglich. Wird eine dieser Türen während des Automatikbetriebes geöffnet, wird die jeweilige Industrieroboterzelle (Teil-Not-Aus) zwangsweise abgeschaltet. Die Türe ist von außen angeschlagen und kann von innen leicht geöffnet werden.

Sicherheitszaun mit Klarsichtfolie gegen Funkenflug

Der Sicherheitszaun (3) um die Industrieroboter ist ca. 1,6 m hoch und hat innenliegend gegen den Funkenflug beim Punktschweißen eine Klarsichtfolie angebracht.

Im Bereich des Friktionsrollenbandes und an den Ein-/ Auslegestationen ist keine Klarsichtfolie angebracht.

Überwachte Fenster

Werden die Wartungsfenster geöffnet, wird die jeweilige Industrieroboterzelle stillgesetzt (vgl. überwachte Türen). Der Palettendurchlauf hinter dem Wartungsfenster wird dadurch auch unterbrochen.

Hubgitter

Jeder Ein-/Auslegearbeitsplatz wird durch ein Hubgitter (5) abgesichert. Funktion: Nach dem Einlegen eines Werkstückes in die Spannvorrichtung gibt der Bediener die Palette frei, das Hubgitter fährt hoch und sichert den Arbeitsplatz ab. Anschließend wird die Palette eingeschleust.

Startsignal

Das Startsignal (6) wird mittels 2-Handschaltung ausgelöst.

Schutzzonen

Die Schutzzonen (7) sind an jeder Industrieroboterzelle optisch eindeutig gekennzeichnet, und weisen auf Plätze hin, die der Industrieroboter und dessen Peripheriekomponenten nicht erreichen können.

Not-Aus-Schalter für jeden Teilbereich

Die Not-Aus-Schalter (8) wirken jeweils auf den eindeutig festgelegten Teilbereich (Industrieroboterzelle). Die Wirkung der Not-Aus-Einrichtungen auf die Peripherie ist auch bei ausgeschalteter Industrierobotersteuerung gewährleistet.

Aufstellung des Steuerschrankes und der Schweißstromquelle

Steuerschrank und Schweißstromquelle sind für jede Industrieroboterzelle so angeordnet, daß sie von außerhalb der Schweißkabine bedient werden können. Die Gesamtsteuerung ist ebenfalls in einem sicheren Bereich aufgestellt.

## 8.5 Beschreibung des Fertigungsablaufs am Werkstück "Abdeckhaube"

Von der manuellen Vorfertigung kommen die Einzelteile fertig bearbeitet und zu Lospaketen zusammengestellt in das Zwischenlager vor dem Industrierobotersystem. Dort entnimmt ein Mitarbeiter das Lospaket und bringt es an den freien Ein-/ Auslegeplatz. Anhand der Laufkarte entnimmt er die Daten des Werkstückes und wählt von seinem Arbeitsplatz aus die Spannvorrichtungen im Vorrichtungslager an. Die zwei Vorrichtungen werden automatisch entnommen und in das Werkstückträgerumlaufsystem eingeschleust. Die Vorrichtungen laufen anschließend in die Ein-/Auslegestation ein. Der Bediener betätigt den Bereitschaftsknopf, das Hubgitter senkt sich und die Werkstücke können eingelegt werden. Nach dem Einlegen wird mittels 2-Handbedienung der Werkstückträger freigegeben, wird in das Umlaufsystem eingeschleust und läuft dann in den Puffer vor den Industrieroboterzellen. Wird eine Industrieroboterzelle frei, wird der Werkstückträger in die Zelle eingeschleust, fixiert und mittels Kodierstiften identifiziert. Die Industrieroboter-Steuerung lädt das entsprechende Programm von einem Diskettenlaufwerk und der Industrieroboter beginnt, das Teil zu schweißen. Nach dem Schweißen wird der Werkstückträger wieder in das Umlaufsystem eingeschleust, vor der jeweiligen Ein-/ Auslegestation wieder erkannt und eingeschleust. Dieser Vorgang wiederholt sich bis der Auftrag abgearbeitet ist.

Wird das letzte Werkstück entnommen, setzt der Bediener einen Kodierstift, und der Werkstückträger wird direkt, d.h., ohne daß er in die Industrieroboterzelle eingeschleust wird, in das Vorrichtungsregal befördert.
Für einen neuen Werkstücktyp wiederholt sich der beschriebene Vorgang.

Die geschweißten Werkstücke werden in das Zwischenlager gebracht.

## 8.6 Veränderungen in der Arbeitsorganisation

Im Zusammenhang mit der technischen Verkettung der Arbeitsplätze ist auch die organisatorische Zusammenfassung der Mitarbeiter zu einer Arbeitsgruppe zu sehen. Die Abkehr vom Einzelarbeitsplatz wird aus mehreren Gründen sinnvoll:

* Mit der Verlagerung der eigentlichen Schweißtätigkeit zu den Industrierobotern sind die Kooperations- und Kommunikationsbedingungen derart verbessert worden, daß jetzt auch die positiven Aspekte der Kooperation voll genutzt werden können (Zusammenarbeit, Vertretung, Einarbeitung etc.).

* Tätigkeiten wie beispielsweise Industrieroboter-Wartung und -Pflege oder Programmierung/Korrektur haben auf alle übrigen Arbeitsplätze im System Einfluß. Die damit verbundene Verantwortung sollte nicht bei einem einzelnen Mitarbeiter sondern bei der Arbeitsgruppe liegen.

* Zur besseren (optimalen) Systemnutzung und aus Gründen der Datenerfassung ist es sinnvoll, nicht mehr das Einzelergebnis der Mitarbeiter zur Leistungsmessung heranzuziehen, sondern den gesamten Systemoutput. Dementsprechend muß eine angepaßte Lohnform zum Tragen kommen, die sowohl die wirtschaftlichen und technischen Aspekte als auch die personellen Belange berücksichtigt.

Die Neukonzeption des Arbeitssystems sieht daher vor, eine Arbeitsgruppe zu installieren, der alle anfallenden Tätigkeiten im Arbeitssystem übertragen werden. Dazu gehören u.a. Einrichtarbeiten, Programmierung, Einlerntätigkeiten, Fertigungsfortschrittsüberwachung, Qualitätsprüfung, Nacharbeiten etc..

Durch die erhöhten qualifikatorischen Anforderungen, die an die Mitarbeiter in Bezug auf die Bedienung der Industrieroboter gestellt werden, muß ein entsprechendes Einarbeitungskonzept vorgeschaltet werden. Möglichst alle Arbeiter sollen das gesamte Aufgabenspektrum beherrschen, um größtmögliche Flexibilität in Bezug auf Personaleinsatz an verschiedenen Arbeitsplätzen zu gewährleisten.

Die hohen Investitionskosten der Anlage setzen eine hohe Verfügbarkeit der Schweißkapazitäten voraus, um ein wirtschaftliches Betreiben des Arbeitssystems zu ermöglichen. Dementsprechend wurden bei der Gestaltung der Arbeitsbedingungen und der Lohnform den Kriterien "Mitarbeitermotivation und -qualifikation", die maßgeblich für die Systemverfügbarkeit und die Produktqualität sind, besondere Beachtung geschenkt.

Der Qualifikation wurde insofern Rechnung getragen, daß die Mitarbeiter an entsprechenden Schulungen der Industrieroboter-Hersteller teilnahmen und bei der Installation der Roboter ausreichend Zeit zur Verfügung gestellt wurde, um ohne Produktionsdruck in die Technik der Anlagenführung einsteigen zu können.

Der Aspekt Motivation wurde in zwei Richtungen angegangen. Zum einen sollte den Mitarbeitern ein größeres Maß an Verantwortung übertragen werden, um so das Ansehen der eigenen Arbeit und die Identifikation mit den erzeugten Produkten zu steigern. Dies wurde erreicht, indem große Teile des Aufgabenspektrums des Fertigungsmeisters an das Arbeitsteam abgegeben wurden. Zu nennen sind hier insbesondere die dispositiven Aufgaben der Auftragsabwicklung und die Kontrolltätigkeiten in bezug auf Fertigungsfortschritt und Produktqualität. Insbesondere die Qualitätskontrolle ist völlig in die Eigenverantwortung der Gruppe übergeben worden. Das Endprodukt wird direkt in die Endmontage geliefert.

Zum anderen wurde - auch aufgrund der veränderten technischen und organisatorischen Strukturen - ein Lohnsystem eingeführt, das den neuen Anforderungen besser gerecht wird. Wesentliches Merkmal des Lohnsystems ist die periodenkonstante Lohnhöhe der Mitarbeiter. Ausgehend von einem sogenannten Produktionsziel wird, basierend auf Analysen des Arbeitssystems im eingeschwungenen Zustand, den Mitarbeitern in einer bestimmten Periode ein den Vorgaben entsprechender Lohn gezahlt. Nach der Periode wird jeweils ein Soll-Ist-Vergleich durchgeführt, der dann als Basis für die nächste Periode dient. Der besondere Vorteil dieser Entlohnungsart liegt in der Sicherung der Einkommenshöhe über den Festlegungszeitraum und in der Tatsache, daß sich individuelle Leistungsschwankungen ausgleichen können.

Dem Betrieb erwächst der Vorteil einer einfachen Steuerung des Produktions- und Arbeitsablaufs, da relativ sichere Kennzahlen vorliegen, die mit hoher Wahrscheinlichkeit erfüllt werden. Abrechnungs- und Verwaltungsaufwände reduzieren sich auf ein Minimum, da die Bruttolöhne bereits im voraus bekannt sind.

## 8.7 Veränderungen bei den Arbeitsbedingungen

### Physische Belastungen

Die Arbeitshaltung des Mitarbeiters konnte wesentlich verbessert werden, da für die Bestückung der Schweißvorrichtung keine ungünstigen Körperhaltungen mehr erforderlich sind. Hinzu kommt, daß das Material auf ergonomisch angepaßten Hub-Kippeinheiten bereitgestellt wird, um die optimale Griffhöhe zu erreichen und ein Bücken zu vermeiden. Durch den Selbststart der Anlage liegt keine unmittelbare Taktbindung vor. Ein Belastungswechsel wird dadurch erreicht, daß neben der Palettenbestückung und -entnahme auch andere Aufgaben wahrgenommen werden (Industrieroboter-Programmierung, Pflege und Wartung, Nacharbeit, Fertigungsfortschrittsüberwachung etc.). Welcher der Mitarbeiter die einzelnen Funktionen zu welchem Zeitpunkt wahrnimmt, wird von der Arbeitsgruppe selbst bestimmt.

### Psychische Belastungen

Zwar enthält die Arbeitsaufgabe noch den monotonen Bestückungsvorgang, aber hinzugekommen sind die positiven Arbeitselemente, die mit dem Betreiben des Industrieroboters zusammenhängen und eine Reihe von dispositiven Aufgaben aus den Bereichen der Fertigungsteuerung, der Materialbereitstellung, der Qualitätssicherung und zu geringen Teilen der Instandhaltung. Dementsprechend kann insgesamt von einer Bereicherung des Arbeitsinhaltes gesprochen werden.

Sehr positiv wirkt sich in Bezug auf Kooperation und Kommunikation die Aufhebung der sozialen Isolation aus. Durch die Verlagerung des Schweißvorgangs in den "Automatikbereich" des Industrieroboters sind die Mitarbeiter jetzt in der Lage, miteinander zu kommunizieren und gegebenenfalls zu kooperieren. Die psychische Belastung kann somit als weitgehend reduziert angesehen werden.

# 9 TYP 8

## 9.0 Charakterisierung

Typ 8 weist folgende Produktionsbedingungen auf:

- große Teilevielfalt,
- große Losgröße und
- große Werkstückgröße.

Im Fallbeispiel Typ 8 wird die Fertigung einer Baugruppe im Automobilbau (Seitenwand) beschrieben. Es handelt sich um ein komplexes System, das insgesamt 12 Industrieroboter zum Punktschweißen enthält. In diesem Beispiel werden die Bestückungsarbeiten der Schweißvorrichtungen noch manuell durchgeführt, wodurch eine hohe Flexibilität erreicht wird. Es besteht allerdings die Tendenz, in solchen Anlagen alle manuellen Handhabungsaufgaben zu automatisieren. Bei der Gestaltung der manuellen Arbeitsplätze treten häufig besondere Probleme auf, weil die Auslegung des Gesamtsystems in der Regel nach technischen Gesichtspunkten erfolgt und auf diese Weise isolierte Restarbeitsplätze entstehen können, deren Zusammenfassung oft nicht mehr möglich ist. Im beschriebenen Beispiel werden die Gesichtspunkte ganzheitlicher Gruppenarbeit aufgegriffen, um zu vermeiden, daß isolierte Restarbeitsplätze entstehen. Dabei wird ein Fertigungssystem geschaffen, das eine sehr hohe Flexibilität aufweist.

## 9.1 Allgemeines zur Firma

Im Karosseriebau werden täglich ca. 900 Stück Rohbaukarosserien im Zwei-Schicht-Betrieb hergestellt. Hierfür werden je Karosserie insgesamt etwa 500 Preß- und Stanzteile in einem durch Förderer verketteten Fertigungssystem durch Punkt- und Lichtbogenschweißer maßgerecht zusammengefügt.

Während manche Untergruppen, wie z.B. PKW-Bodengruppen, hauptsächlich in Sondermaschinen geschweißt werden, wird das Punktschweißen von Seitenteilen weitgehend in Ringbändern mit Handschweißzangen manuell durchgeführt. Die dort durchzuführende Arbeit ist mit hoher körperlicher Belastung verbunden und soll daher mit Hilfe von Punktschweißrobotern so automatisiert werden, daß ein Modell-Mix bei hoher Verfügbarkeit gewährleistet ist.

## 9.2 Ist-Fertigung

### 9.2.1 Fertigungsablauf

Das Punktschweißen von Seitenteilen erfolgt auf einem Arbeitsband mit umlaufenden Spannwagen (Ringband).

Im Ringband sind eine Reihe von schienengeführten Transportwagen miteinander verbunden, die mit kontinuierlicher Geschwindigkeit umlaufen. Auf den Transportwagen sind verschiedene Karosserietypen festgespannt.

In diese Vorrichtungen werden die Rohteile manuell eingelegt, mit Handschweißzangen zunächst vorgeheftet und dann ausgepunktet. Das Entnehmen der geschweißten Seitenteile erfolgt dann mit Hilfe von Hebezangen.

In Bild 9.1 ist eine Seitenwand dargestellt, wobei nur ein Teil aller Schweißpunkte eingezeichnet ist.

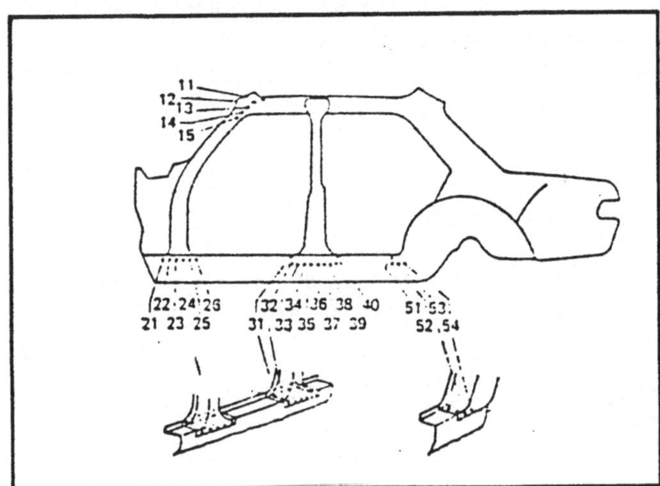


Bild 9.1: PKW-Seitenteil mit einem Teil der auszuführenden Schweißpunkte

Die Einzelteile einer Seitenwand sind: Hecksäule, Vorderwandsäule,

Längsträger, Dachrahmen innen und Dachrahmen außen.

### 9.2.2 Arbeitsbedingungen

Obwohl die Punktschweißzangen an Balancern aufgehängt sind, bestehen noch erhebliche körperliche Belastungen, da zum Bewegen der Zange wegen der relativ großen Massen ein hoher Kräfteeinsatz erforderlich ist.

Die Bandgeschwindigkeit ist vorgegeben und der Arbeitsbereich des Balancers ist begrenzt. Daher besteht für die am Band stehenden Arbeiter eine verhältnismäßig enge Taktbindung. Arbeitsplatzwechsel wird nicht durchgeführt. Insgesamt ergibt sich damit eine stark eingeschränkte Arbeitssituation, die kaum Handlungs- und Entscheidungsspielräume aufweist. Als positiv ist die Gruppenarbeit anzusehen, die im neuen System erhalten bleiben soll.

## 9.3 Soll-Fertigung

Das vorrangige Ziel bei der Automatisierung der Punktschweißanlage für Seitenteile ist neben der Verringerung der Arbeitsbelastung eine hohe Flexibilität, um bis zu zehn verschiedene Typen von Seitenteilen im Modell-Mix fertigen zu können. Auch zukünftige Modelltypen sollen auf der gleichen Anlage gebaut werden können.

### 9.3.1 Gesamtsystem

Als Transportsystem wird eine Kombination von Elektrohängebahnen in Power-and-Free-Ausführung und Shuttle verwendet. Bild 9.2 zeigt schematisch die verschiedenen Transportsysteme der neuen Punktschweiß-Anlage und deren Verknüpfung im Fertigungsfluß.

Die neue Punktschweiß-Anlage besteht im wesentlichen aus folgenden Komponenten:

- vier manuelle Einlegestationen
- vier Punktschweißlinien mit je drei Schweißstationen, einer Aufgabe- und einer Übergabestation

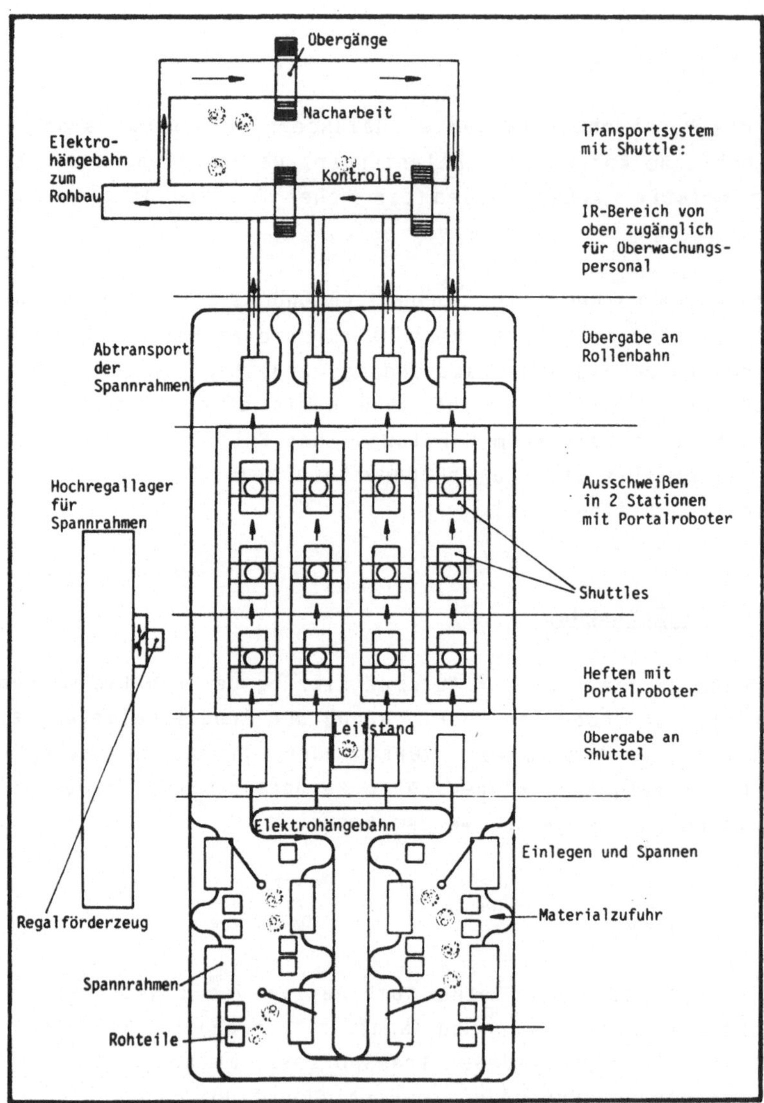


Bild 9.2: Neu konzipierte Punktschweiß-Anlage

- insgesamt zwölf Punktschweißroboter; drei pro Schweißlinie, je einer zum Heften und je zwei zum Fertigschweißen
- ein Spannrahmenlager in Hochregalausführung
- ein automatisch arbeitendes Regalbediengerät
- eine Elektrohängebahn in Power-and-Free-Ausführung für den Transport von Spannrahmen
- eine Power-and-Free-Elektrohängebahn für den Transport der in Spannrahmen eingelegten Seitenteile von den Einlege- und Spannstationen zu den Aufgabestationen der Schweißlinien
- sechzehn Shuttles für den Transport der Seitenteile mit den Spannrahmen zwischen den einzelnen Stationen der Schweißlinie; pro Linie vier Shuttles
- je ein Rollenband am Ende der Schweißlinien zum Aufpuffern der geschweißten Seitenteile zu den Kontroll- und Nacharbeitsplätzen und zum Vereinzeln für den Weitertransport
- eine Power-and-Free-Elektrohängebahn zum Aufnehmen der geschweißten Seitenteile und deren Weitertransport zum Karosserie-Rohbau
- vier deckengeführte Manipulatoren für die manuelle Übergabe der Spannrahmen von der zuerst genannten Hängebahn in die Einlegestation
- Paletten und Gitterboxen für die Bereitstellung der Rohbauteile an den Einlege- und Spannstationen
- Spannrahmen für alle Seitenteil-Varianten in jeweils ausreichender Anzahl; mit genormten Aufnahmen und Identifizierungsplaketten
- umfangreiches Schweißzangensortiment für Einfach- und Mehrfachpunkten; Schweißzangenwechselsysteme an jeder Industrieroboter-Schweißstation, um mehrere Seitenteiltypen auf der gleichen Linie schweißen zu können
- komplexes Steuerungssystem

Das besondere Merkmal dieser Punktschweißanlage ist die hohe Flexibilität, mit der große Losgrößen im Modell-Mix geschweißt werden können. So ist es prinzipiell möglich, in jeder Einlege- und Spannstation sowie in jeder Schweißstation alle Bauteilvarianten zu fertigen. Sinnvollerweise werden Varianten in großen Stückzahlen nur in drei Linien geschweißt, während Varianten mit kleinen Stückzahlen nur in einer Linie geschweißt werden. Hierdurch ist es möglich, den Umfang der Schweißzangen und Werkzeugwechselsysteme relativ klein zu halten.

Die Einlegestationen sind über das Transportsystem durch Pufferstecken von den Schweißlinien entkoppelt. Über Weichen läßt sich jede Schweißlinie von jeder Einlegestation mit eingelegten und gespannten Rohteilen beliefern.

Bei Ausfall, Umrüsten, Wartung oder Reparatur einer Schweißlinie oder eines der Portalroboter läßt sich die betreffende Schweißlinie stillegen, ohne daß im nachgeschalteten Karosserierohbau bei einem Modell Engpaß entsteht. Die relativ geringe Anzahl der jeweils stillgelegten Schweißroboter erfordert nicht den Einsatz menschlicher Arbeitskräfte, obwohl dies grundsätzlich wegen der Überkopfanordnung der Portalroboter und der dadurch entstehenden freien Zugänglichkeit der Schweißstationen relativ leicht möglich wäre.

### 9.3.2 Industrieroboter-Schweißsystem

In der neu konzipierten Punktschweißanlage werden elektromotorisch angetriebene Industrieroboter in Gelenkbauweise als hängend installierte Portalgeräte eingesetzt. Sie weisen sich durch folgende Kenngrößen aus:

- Großer nutzbarer Arbeitsraum
- Hohe Nennlast
- Große Verfahrgeschwindigkeit
- Hohe Positionier- und Wiederholgenauigkeit
- Allseits zugängliche Schweißstationen

Bei Ausfall eines Portalroboters kann dieser auf Trageschienen aus der Station herausgefahren und der neu eingesetzte Portalroboter nach dem Austausch mit Hilfe von Indexierbolzen wieder exakt positioniert werden. Die hohe Genauigkeit von elektromotorisch angetriebenen Industrierobotern ermöglicht es, den neu eingesetzten Punktschweißroboter ohne Neuprogrammierung innerhalb kurzer Zeit zu betreiben.

Als Schweißwerkzeuge werden in der Punktschweißstraße spezielle Widerstandspunktschweißzangen für die Automobilindustrie eingesetzt. Diese sind robotertauglich und als Roboterschweißtrafozangen ausgeführt. Sie haben ca. 20-60 kg Zangengewicht und eine hohe Nennleistung von 20-40 kVA bei einer Einschaltdauer von 50%. Der Vorteil der integrierten Schweißtransformatoren ist die geringe Anfälligkeit gegen den Bruch von Versorgungsleitungen, wird aber durch ein größeres zu handhabendes Gewicht erkauft.

### 9.3.3 Fertigungsablauf

Der Fertigungsablauf in der neu geplanten Punktschweißanlage sieht wie folgt aus:

1. Einspeisen der jeweils benötigten Spannrahmen aus dem Spannrahmenlager mittels des automatisch arbeitenden Regalbediengerätes in den Förderkreislauf des ersten Power-and-Free-Förderers.
2. Über Weiche gesteuertes Aufpuffern der einzelnen Spannrahmentypen an den vier Einlegestationen.
3. Manuelles Abnehmen der Spannrahmen vom Puffer und Auflegen in den Einlegestationen mit Hilfe von deckengeführten Manipulatoren.
4. Manuelles Einlegen der bereitstehenden Rohteile in die Spannrahmen.
5. Auf Knopfdruck Übergabe der Spannrahmen mit den eingelegten Rohteilen an den zweiten Power-and-Free-Förderer über Hub- und Senkstationen.
6. Transport zu den Aufgabestationen der Schweißlinien; durch Identifikationseinrichtungen und übergeordnete Systemsteuerung werden die verschiedenen Seitenteilvarianten erkannt und im Transportsystem weitergeleitet.
7. Automatische Übergabe der gewünschten Seitenteilvarianten an die jeweilige Aufgabestation der Schweißlinien über Hub- und Senkeinrichtungen.
8. Shuttle-Transport zur ersten Industrieroboter-Schweißstation: Heften der Seitenteile.
9. Shuttle-Transport zu den beiden anderen Industrieroboter-Schweißstationen: Fertigschweißen des Werkstücks; dabei mehrfacher Schweißzangenwechsel.
10. Automatische Übernahme der leeren Spannrahmen mit der ersten Power-and-Free-Hängebahn, wieder über Hub- und Senkeinrichtungen: Die Spannrahmen werden aufgepuffert und logistisch gesteuert wieder in den Förderkreislauf zurückgeführt. Werden die Spannrahmen nicht mehr benötigt, dann werden sie mit dem Regalbediengerät wieder im Spannrahmenlager bereitgestellt.
12. Prüfung und Kontrolle der Schweißnähte; außerdem manuelle Nacharbeit an Seitenteilen, die auf den Rollenbändern aufgepuffert sind.
13. Vereinzeln der Seitenteile und Übergabe an die dritte Power-and-Free-Hängebahn zum Weitertransport in den Karosserie-Rohbau.

Eine weitere Detaillierung des Fertigungsablaufs ist an dieser Stelle nicht möglich. Hierfür sind umfangreiche Voruntersuchungen und Planungsarbeiten erforderlich, die im Rahmen dieser Konzeptausarbeitung nicht durchgeführt werden können. Insbesondere die Form der Produkte und die zugehörigen Schweißpläne beeinflussen die Art der verwendbaren Fördermittel, Vorrichtungen und Schweißwerkzeuge.

### 9.3.4 Arbeitsorganisation und Arbeitsbedingungen

Die Gesamtanlage ist organisatorisch aufgeteilt in drei Blöcke:

1. Bestücken der Vorrichtungen
2. Automatisches Heften und Ausschweißen
3. Kontrolle und Nacharbeit

In Block 1 und 3 werden die Tätigkeiten von Menschen ausgeführt, während Block 2 durch Industrieroboter automatisiert wird. In den manuellen Blöcken werden die in den vorangegangenen Kapiteln schon häufig beschriebenen Prinzipien der menschengerechten Arbeitsgestaltung angewendet.

#### 9.3.4.1 Manuelle Handhabungstätigkeiten und Kontrolle

a) Gruppenarbeit

Das Bestücken der Spannrahmen mit vorbereiteten Rohteilen geschieht in zwei Gruppen, die aus jeweils vier Personen bestehen. Die Gruppen sind nicht für spezielle Schweißlinien zuständig, da durch die übergeordnete Rechnersteuerung die Spannrahmen jeder Schweißlinie zugeführt werden können. Zwischen ihnen herrscht Mengenteilung bezüglich der insgesamt durchgesetzten Zahl der Werkstücke.

Wegen der Komplexität der Fertigunssteuerung im Automobilbau und der Abhängigkeit der folgenden Abteilungen von der zeitgenauen Bereitstellung der Baugruppen bestehen von seiten der Arbeitsgruppe naturgemäß keine Einflußmöglichkeiten hinsichtlich der kurzfristigen Fertigungssteuerung. Die Aufträge werden in ihrer zeitlichen Abfolge und Losgröße vorgegeben und können von den Gruppen nicht variiert werden. Der

Spielraum für Entscheidungen ist also im Vergleich zu den Typen 3 oder 4 nur gering. Wegen der Schwierigkeiten, im Bereich der kurzfristigen Fertigungssteuerung höherwertige Arbeitsinhalte zu schaffen, ist es erforderlich, alle weiteren Möglichkeiten der menschengerechten Arbeitsgestaltung auszuschöpfen. Dazu zählt u.a. der Arbeitsplatzwechsel mit dem Abschnitt "Kontrolle und Nacharbeit".

b) Arbeitsplatzwechsel

Zwischen den Einlegern und den Kontrolleuren bzw. Nacharbeitern soll häufig Arbeitsplatzwechsel durchgeführt werden, um das Tätigkeitsfeld auszuweiten. Im Bereich der Qualitätskontrolle besteht erhöhte Verantwortung und die Notwendigkeit von Entscheidungen, sodaß zumindest für einen Teil der Zeit höherwertige Tätigkeiten auszuführen sind. Wegen der Bedeutung der Qualitätskontrolle müssen die Arbeitnehmer ausreichend geschult werden, um diese Aufgabe ohne Überforderung ausüben zu können. Auf diese Weise steht eine größere Zahl von Arbeitnehmern zur Verfügung, die alle vorhandenen Werkstücke kennen und alle anfallenden Tätigkeiten ausführen können. Dadurch entstehen Vorteile bei Krankheit, Urlaub und Fluktuation. Außerdem findet eine größere Identifikation mit der eigenen Tätigkeit statt, wenn höhere Anforderungen von ihr ausgehen.

c) Entkopplung

Um die bisher vorhandene enge Taktbindung am Ringband aufzuheben, wird das Power-and-Free-System installiert. Es ermöglicht die Pufferung der bestücken Spannrahmen auf der Einlegeseite (Block 1) bzw. der fertig geschweißten Seitenteile auf der Seite der Kontrolle und Nacharbeit (Block 3). Wegen der Größe der Werkstücke ist die Pufferung zeitlich eng begrenzt.

Für die Entkopplung müssen im Power-and-Free-System ausreichend lange Staustrecken geschaffen werden. Außerdem müssen genügend Spannrahmen vorhanden sein. Für die Arbeitnehmer bringt die Entkopplung den Vorteil, daß sie nicht zu eng an den Arbeitsplatz gebunden sind und in gewissem Rahmen ihre Arbeitsgeschwindigkeit variieren können.

d) Entlastung von körperlicher Arbeit

Die bisherige schwere körperliche Belastung durch die Punktschweißzangenführung entfällt, weil das Schweißen durch Industrieroboter ausgeführt wird. Neue körperliche Belastungen entstehen nicht, da deckengeführte Manipulatoren zur Verfügung gestellt werden. Das Handhaben der Spannrahmen geschieht mit Hilfe der Manipulatoren und stellt daher keine Belastung dar. Da die vorbereiteten Rohteile nur geringes Gewicht besitzen, bestehen keine übermäßigen Belastungen beim Bestücken der Spannrahmen.

e) Unfallschutz

Durch die Aufteilung in manuelle (Block 1 und 3) und automatisierte Bereiche (Block 2) kann es während des normalen Fertigungsablaufes nicht zu Unfallgefährdungen durch die Industrieroboter kommen. Deren Bereich ist von der Umgebung vollständig abgetrennt und kann im Routinebetrieb nicht betreten werden. Dies gilt für die Einleger, Kontrolleure und Nacharbeiter.Für die Anlagenüberwacher und Instandhalter ist der Unfallschutz nicht so einfach gewährleistet.

### 9.3.4.2 Anlagenüberwacher und Instandhalter

Im Gegensatz zu den anderen bisher beschriebenen Fallbeispielen sollte bei Typ 8 eine deutliche Trennung zwischen Handhabungstätigkeit und Kontrolle einerseits und Überwachung, Instandhaltung andererseits durchgeführt werden. Das ist begründet in den hohen Anforderungen an die Anlagenüberwacher. Es können nur hoch qualifizierte Facharbeiter zum Einsatz kommen, die durch umfangreiche Schulung auf ihre Aufgaben vorbereitet werden. Die Vermischung solcher Tätigkeiten mit relativ einfachen Handhabungstätigkeiten führt zu Demotivierung und ist nicht empfehlenswert.

Für die Überwachung und Instandhaltung gibt es einige Gesichtspunkte, die für eine menschengerechte Arbeitsgestaltung unbedingt eingehalten werden sollten. Dazu zählen:

Inspektionsmöglichkeiten

Betriebszustände des Systems und Fehler müssen gut erkennbar sein. Das führt zu verringertem Streß bei Störungen und zu kürzerer Fehlersuche. Der Betriebszustand soll durch Ablaufdiagramme oder Bildschirmanzeigen angegeben werden, aus denen auch Fehlerorte und -ursachen hervorgehen. Im Industrieroboter-System selbst können Störungen auch durch Blinkleuchten angezeigt werden. Bei komplexen, verketteten Systemen kommt den Anzeigen in zentralen Steuerwarten allerdings größere Bedeutung zu.

Zugänglichkeit

Die Schweißlinien können über oberhalb der Industrieroboter angeordnete Laufstege erreicht und überwacht werden.
Zumindest die als störanfällig oder wartungsaufwendig bekannten Komponenten des Systems müssen besonders gut zugänglich sein. Besondere Bedeutung erhält die Zugänglichkeit hinsichtlich der Arbeitssicherheit. Wenn an einer Stelle eines komplexen Systems Instandhaltungsarbeiten ausgeführt werden, darf von benachbarten Bereichen keine Gefährdung des Personals ausgehen. Die Zugänglichkeit muß daher bereichsweise gesichert werden.

Standardisierung

Systemelemente, die häufiger vorhanden sind, werden einheitlich ausgelegt. So soll z.B. nur ein Industrierobotertyp mit der dazugehörigen Steuerung eingesetzt werden, um unnötige Verwirrung des Überwachungspersonals zu vermeiden und schnelle Austauschbarkeit zu gewährleisten. Die vier Schweißlinien sind in ihrem Aufbau identisch und bestehen wiederum aus gleichen Bausteinen, so daß die Durchschaubarkeit des Gesamtsystems optimal ist.

Ein weiterer wichtiger Gesichtspunkt ist die einheitliche Schnittstellengestaltung. Das gilt sowohl für die Austauschbarkeit von Baugruppen und Systemelementen als auch für die Vermeidung von Fehlern bei Instandhaltungsarbeiten.

Justageaufwand

Der Justage- und Einrichtungsaufwand zur Wiederherstellung der Funktion nach erfolgter Instandsetzung soll möglichst gering sein. Dadurch werden Stillstandszeiten wesentlich verkürzt und es findet auch eine Entlastung des Personals statt, weil der Zeitdruck sinkt. Hinsichtlich der Industrieroboter besteht die Möglichkeit, einen Austausch defekter Geräte vorzunehmen und die vorhandenen Programme auf neuen Geräten weiterzuverwenden. Voraussetzung ist allerdings genaue Justierung der Geräte durch den Hersteller.

Technische Dokumentation

Damit sind zwei Gesichtspunkte angesprochen. Zum einen ist es wichtig, durch die Hersteller der Systemkomponenten ausreichend detaillierte Unterlagen für das Instandhaltungspersonal zu erhalten, um die Durchschaubarkeit zu erhöhen. Zum anderen sollen auch Störfälle und ihre Abläufe und Ursachen genau dokumentiert werden. Statistische Auswertungen der Störungen weisen auf besonders anfällige Bereiche hin und erleichtern die Fehlersuche.

Qualifizierung

Die sachgerechte Qualifizierung des Überwachungspersonals ist für den störungsarmen Betrieb des Systems von größter Bedeutung. An dieser Stelle kann nur kurz auf einige Aspekte eingegangen werden.

Die bisherigen Berufe Schlosser oder Elektriker sind für die Betreuung flexibel automatisierter Systeme nicht ausreichend ausgebildet. Es müssen neue Ausbildungsinhalte hinzukommen, die speziell auf die neuen Anforderungen abgestimmt sind. Für einen Facharbeiter, der von seinem Ausbildungsberuf her Mechaniker ist, sind das z.B. Hydraulik/Pneumatik, Industrieelektronik, flexible Maschinen, Handhabungssysteme, automatische Testsysteme und Arbeitssicherheit. Damit ist die Grundlage für folgende Tätigkeiten im automatisierten System gelegt:

- Überwachen
- Einrichten/Umrüsten/Programmieren
- Störungssuche und Störungsbeseitigung soweit Kenntnisse und Mittel ausreichen
- Materialfluß sichern

- vorbeugende Instandhaltung und Wartung

Die Qualifizierungsmaßnahmen finden im Wechsel zwischen Theorie und praktischer Ausführung statt. Nach der Auswahl des Personals werden zunächst Weiterbildungskurse in den oben genannten Bereichen durchgeführt. Danach soll das Überwachungs- und Instandhaltungspersonal beim Aufbau der Anlage mitwirken, um sie von Grund auf kennenzulernen. Daraus wird ersichtlich, daß die Qualifizierung gegenüber dem Aufbau der Anlage einen ausreichenden Vorlauf haben muß, damit zum Zeitpunkt der Inbetriebnahme qualifiziertes Personal zur Verfügung steht.

Auf die Unterweisung hinsichtlich der Arbeitssicherheit muß bei solch komplexen Anlagen wie der beschriebenen besonderer Wert gelegt werden. Wie bereits verschiedentlich betont wurde, tauchen völlig neue Sicherheitsprobleme bei der Verwendung komplexer, elektronisch gesteuerter Fertigungssysteme auf. Da die Gefahrenquellen vor allem die Störungsbeseitigung betreffen, ist das Überwachungs- und Instandhaltungspersonal in erster Linie angesprochen. Während der Fehlersuche und Instandsetzung ist es häufig erforderlich, Sicherheitseinrichtungen außer Funktion zu setzen. Die damit einhergehende Gefährdung muß dem Personal genau bekannt sein, um angemessene Handlungsweisen zu ermöglichen.

Vermeidung von Überforderung

Auch für das Überwachungspersonal ist als Organisationsform die Arbeitsgruppe vorgesehen. Die vier Schweißlinien sollen von insgesamt drei Arbeitnehmern/Schicht überwacht werden. Es wird ein zentraler Steuerstand eingerichtet, von dem aus die meisten Überwachungstätigkeiten ausgeführt werden. Die Gesamtanlage einschließlich der Bereiche Einlegen und Kontrolle /Nacharbeit wird von dieser Stelle aus überwacht. Durch die Gruppenarbeit wird soziale Isolation vermieden, obwohl davon auszugehen ist, daß die Anlagenüberwacher sich in der Regel nicht alle gleichzeitig im Steuerstand aufhalten, sondern Kontrollgänge durch die Anlage durchführen. Bei Störungen größeren Umfangs versucht zunächst dieses Team, den Fehler zu finden und zu beseitigen. In der Regel findet dies unter erheblichem Zeitdruck statt, weil jeder längere Stillstand zu spürbaren Produktionsausfällen führt. Durch die Arbeit im Team kann der dabei entstehende Streß besser aufgefangen werden.